Duale Netzplanung

Johann Jäger · Christian Romeis · Edmond Petrossian

Duale Netzplanung

Leitfaden zum netzkompatiblen Anschluss
von dezentralen Energieeinspeiseanlagen

Johann Jäger
Erlangen, Deutschland

Edmond Petrossian
Erlangen, Deutschland

Christian Romeis
Erlangen, Deutschland

ISBN 978-3-658-12729-9   ISBN 978-3-658-12730-5 (eBook)
DOI 10.1007/978-3-658-12730-5

Die Deutsche Nationalbibliothek verzeichnet diese Publikation in der Deutschen Nationalbibliografie; detaillierte bibliografische Daten sind im Internet über http://dnb.d-nb.de abrufbar.

Springer Vieweg
© Springer Fachmedien Wiesbaden 2016
Das Werk einschließlich aller seiner Teile ist urheberrechtlich geschützt. Jede Verwertung, die nicht ausdrücklich vom Urheberrechtsgesetz zugelassen ist, bedarf der vorherigen Zustimmung des Verlags. Das gilt insbesondere für Vervielfältigungen, Bearbeitungen, Übersetzungen, Mikroverfilmungen und die Einspeicherung und Verarbeitung in elektronischen Systemen.
Die Wiedergabe von Gebrauchsnamen, Handelsnamen, Warenbezeichnungen usw. in diesem Werk berechtigt auch ohne besondere Kennzeichnung nicht zu der Annahme, dass solche Namen im Sinne der Warenzeichen- und Markenschutz-Gesetzgebung als frei zu betrachten wären und daher von jedermann benutzt werden dürften.
Der Verlag, die Autoren und die Herausgeber gehen davon aus, dass die Angaben und Informationen in diesem Werk zum Zeitpunkt der Veröffentlichung vollständig und korrekt sind. Weder der Verlag noch die Autoren oder die Herausgeber übernehmen, ausdrücklich oder implizit, Gewähr für den Inhalt des Werkes, etwaige Fehler oder Äußerungen.

Lektorat: Dr. Daniel Fröhlich

Gedruckt auf säurefreiem und chlorfrei gebleichtem Papier.

Springer Vieweg ist Teil von Springer Nature
Die eingetragene Gesellschaft ist Springer Fachmedien Wiesbaden GmbH

Vorwort

Elektrische Energieversorgung gehört zur unverzichtbaren Grundversorgung moderner zivilisierter Gesellschaften. Elektrische Netze haben die Aufgabe, die elektrische Energie zu übertragen und zu verteilen. Die Abhängigkeit einer Gesellschaft, die Stromkunden mit elektrischer Energie höchst zuverlässig und sicher zu versorgen, ist grundlegend. Die Folgen von Versorgungsunterbrechungen wurden in einem Bericht des Ausschusses für Bildung, Forschung und Technikfolgenabschätzung des deutschen Bundestages Drucksache 17/5672 bereits im Jahre 2011 erörtert. Dort wird festgestellt, dass großflächige und längerfristige Stromausfälle aufgrund der großen Abhängigkeit nahezu aller kritischen Infrastrukturen einer nationalen Katastrophe sehr nahe kommen. Ein unkoordinierter Umgang mit der Netzinfrastruktur der elektrischen Versorgung birgt daher per se ein überaus ernstes Gefahrenpotential für die gesellschaftliche Ordnung.

Der Betrieb der elektrischen Energieversorgungsnetze basiert auf einem zeitlich andauernd vorhandenen Gleichgewicht von Einspeisung und Last. Netze an sich können faktisch keine elektrische Energie speichern. Da die Last üblicherweise nicht konstant ist und sich bei Lastzuschaltungen oder -abschaltungen sprunghaft ändern kann, muss die Einspeisung binnen Sekunden der Last nachgeführt werden. Dieser sogenannte Lastfolgebetrieb wird mit der Einspeisung von bedarfsgerecht regelbaren Kraftwerken auf Basis vorhaltbarer Primärenergieträger erreicht. Bisher sind dazu überwiegend sowohl fossile als auch nukleare Primärenergieträger im Einsatz. Bedarfsgerecht regelbare Kraftwerke verfügen damit über einen hohen Anteil an gesicherter Leistung. Diese Leistung ist rund um die Uhr mit höchster Wahrscheinlichkeit im Bereich von > 99,99 % verfügbar. Weiterhin ist die Einhaltung physikalischer und technischer Grenzen der Übertragungsfähigkeit der Betriebsmittel für einen zuverlässigen Netzbetrieb elementar. Große Kraftwerkseinheiten werden daher bisher vorzugsweise nahe an Lastschwerpunkten aufgestellt.

Elektrische Netzplanung ist eine Kerndisziplin der elektrischen Energieversorgung. Sie trägt seit Jahrzehnten maßgeblich zu der im weltweiten Vergleich nahezu zuverlässigsten Elektrizitätsversorgung in Deutschland bei. Nur eine strategische Netzplanung führt langfristig zu wirtschaftlich und umweltverträglich betreibbaren Netzen. Dabei muss immer die Einfachheit, Klarheit und Robustheit der zum Einsatz kommenden technischen Systeme und Strukturen im Vordergrund stehen. Dies muss auch für zukünftige Netze gelten.

Regenerative Energieeinspeiseanlagen (REA) wie Windkraft- oder Photovoltaikanlagen speisen ihre elektrische Energie zeitlich stochastisch ins Netz ein und sind nur unzureichend bedarfsgerecht steuerbar. Der Anteil der gesicherten Leistung an der installierten Leistung von REA ist sehr gering. Die installierte Leistung von REA ist daher grundsätzlich von der installierten Leistung bedarfsgerecht regelbarer Kraftwerke zu unterscheiden. Bestehende bedarfsgerecht regelbare Kraftwerksanlagen sind durch REA an sich nicht zu ersetzen. Das regenerative Energiedargebot, wie beispielsweise das örtliche Windaufkommen, bestimmt den Aufstellungsort von REA und nicht die Übertragungsfähigkeit der Betriebsmittel vor Ort oder die Lastschwerpunkte. Daher ist im ersten Ansatz der Anschluss von REA nicht netzdienlich und die bestehenden Netze verlieren zunehmend ihr bisherig hohes Zuverlässigkeitsniveau.

Um einen signifikanten gesamtsystematischen Mehrwert mit dem Anschluss von REA zu erreichen, muss der Zubau von REA ein integraler Bestandteil der strategischen Netzplanung sein. Zudem müssen neue Netzformen, die sogenannten Einspeisenetze, die ein Zusammenfassen vieler REA zu einem gemeinsamen Netzanschlusspunkt darstellen, geplant werden. Auch ist die installierte Leistung von REA netzplanerisch völlig anders zu bewerten als bei konventionellen Kraftwerken. Der Anschluss von REA an das elektrische Versorgungsnetz stellt daher die klassische Netzplanung vor neue Herausforderungen. Diesen muss durch die Weiterentwicklung der Planungsmethoden und der Denkweisen begegnet werden.

Dazu wird im vorliegenden Buch die „Duale Planungsmethodik" eingeführt. Diese sieht zunächst eine separate Betrachtung der vorhandenen Versorgungsnetze und der neuen Einspeisenetze vor. So können beide Netze zunächst getrennt voneinander nach ihren individuellen Anforderungen und Randbedingungen analysiert und geplant werden. Daran anschließend erfolgt die Anschluss- und Ausbauplanung. Die bestehenden Netze behalten so ihre bisherig hohe Zuverlässigkeit bei und der Anschluss der REA ist langfristig wirtschaftlich und umweltverträglich. Zudem können die unverrückbaren Gesetze der Physik in der Netzplanung umfassend beachtet werden.

In diesem Zusammenhang standen uns elektrische Netzdaten und Pläne eines Landkreises in Bayern mit ausgeprägter Nutzung von REA zur Verfügung. Für sämtliche Betrachtungen der Fallstudie in Kap. 4 wurden diese realen Daten verwendet. Die installierte REA-Leistung aus Windkraft- und Photovoltaikanlagen überstieg dort die lokale elektrische Last um das Vielfache. Dies machte ein stringentes strategisches Vorgehen beim Netzanschluss der REA sowohl auf der Verteilungs- als auch Übertragungsebene unabdingbar. Dazu wurde die Duale Planungsmethodik angewendet. Das vorliegende Buch ist als Leitfaden konzipiert und kann aufgrund der erzielten Ergebnisse auch Pilotfunktion für andere Regionen übernehmen.

Nach zahlreichen Gesprächen und Diskussion der Planungsergebnisse mit dem dort ansässigen Netzbetreiber wurde jedoch klar, dass sich die derzeitigen Netzausbaumaßnahmen zum Anschluss der REA nicht an den Regeln einer strategischen Netzplanung orientieren können. Der aktuelle Netzausbau findet überwiegend operativ statt. Die Gründe hierfür sind hoher Zeitdruck der Betreiber und Investoren von REA sowie gesetzliche

Vorgaben, die ein strategisches Vorgehen weitgehend verhindern. Kurzfristig ist so ein Netzbetrieb nur dank der in der Vergangenheit ausreichend eingeplanten Netzreserven möglich. Mittel- und langfristig macht dies das Versorgungsnetz technisch suboptimal und unwirtschaftlich. Zudem stellen die REA keine gesicherte Leistung zur Verfügung. Folglich können anderenorts keine konventionell fossil oder nuklear betriebenen Kraftwerksanlagen dauerhaft abgeschaltet werden. Andererseits verteuert sich die Bereitstellung von gesicherter Leistung durch konventionelle Kraftwerke aufgrund sinkender Einspeisemengen an elektrischer Energie und führt so gegebenenfalls zu deren Abschaltung.

Diese Entwicklung ist daher neu auszurichten. Das Ziel der zukünftigen Entwicklung muss sein, den geltenden Einspeisevorrang von REA durch eine wachsende Einspeiseverantwortung der REA für das Gesamtsystem schrittweise abzulösen. Im Einzelnen sind folgende Aspekte aus netzplanerischer Sicht festzuhalten:

- Der Anschluss von REA an das Versorgungsnetz muss integraler Bestandteil der strategischen Netzplanung in allen Netzebenen sein.
- Die Zeitschiene des Zubaus an REA muss mit den Planungszeiträumen eines strategischen Netzausbaus abgestimmt sein.
- REA müssen zukünftig mit Hilfe von Energiespeichern gesicherte Leistung für den Lastfolgebetrieb zur Verfügung stellen.
- Die Bereitstellung gesicherter Leistung aus konventionellen Kraftwerken muss weiterhin unterstützt werden.
- Die Deregulierung der Energieversorgungsunternehmen darf den notwendigerweise gesamtsystemischen Ansatz des REA-Anschlusses durch neu geschaffene strukturelle Schnittstellen in den Unternehmen nicht behindern.

Die Arbeiten zu diesem Buch wurden im Rahmen des Forschungsprojektes TUT01UT-62790 „Neue Methoden der elektrischen Netzplanung zur nachhaltigen Anbindung von Windkraftanlagen im Binnenland" durch das Bayerische Staatsministerium für Umwelt und Verbraucherschutz finanziell gefördert.

Die Verfasser danken auch dem Springer-Verlag für die Verlegung und sorgfältige Ausführung dieses Buches. Ein besonderer Dank gilt Herrn M. Sc. Alexander Karl für die Erstellung der zahlreichen Bilder und Grafiken sowie der Anonymisierung der Netzdaten. Wir wünschen dem Buch eine gute Aufnahme bei den Ingenieuren der Praxis, den Umweltschutzbeauftragten und den Studierenden technischer Fachrichtungen, insbesondere der Energietechnik sowie der Elektrotechnik. Wir erhoffen uns damit auch einen Beitrag zum Umweltschutz und zur Ressourcenschonung geleistet zu haben.

Erlangen, im Dezember 2015

Edmond Petrossian
Christian Romeis
Johann Jäger

Abkürzungsverzeichnis

EEG	Erneuerbare-Energien-Gesetz
EHV	Extra High Voltage (dt.: Höchstspannungsnetz)
EVU	Energieversorgungsunternehmen
HS	Hochspannung
MS	Mittelspannung
NS	Niederspannung
PV	Photovoltaik
REA	Regenerative Energieeinspeiseanlage
UW	Umspannwerk
WKA	Windkraftanlage
WKA-VG	Windkraftanlagen-Vorranggebiet

Inhaltsverzeichnis

1	**Veranlassung, Problemstellung und Notwendigkeit**	1
2	**Netzplanung**	3
	2.1 Allgemein	3
	2.2 Planungsmethoden	6
	2.2.1 Operative Planung	6
	2.2.2 Strategische Planung	6
	2.3 Netzarchitektur und Greenfield-Planung	8
	Literatur	13
3	**Duale Planungsmethodik**	15
	3.1 Grundlagen	15
	3.2 Planung des bestehenden EVU-Netzes	18
	3.2.1 Informationssammlung	18
	3.2.2 Netzanalyse	20
	3.2.3 Planung des Ziel-Netzes	21
	3.2.4 Netzberechnungen	23
	3.3 Planung der Einspeisenetze	24
	3.3.1 Einspeisesituation	25
	3.3.2 Möglichkeiten des direkten Netzanschlusses	26
	3.3.3 Gestaltung der Einspeisenetze	26
	3.3.4 Netzberechnungen	39
	3.4 EVU/REA-Anschluss- und Ausbauplanung	39
	3.4.1 EVU/REA-Anschlussplanung	40
	3.4.2 EVU/REA-Ausbauplanung	42
	3.4.3 Netzberechnungen	44
	Literatur	45
4	**Anwendung der Dualen Planungsmethodik**	47
	4.1 Informationssammlung des Netzgebietes im Modelllandkreis ...	47
	4.1.1 Struktur der elektrischen Energieversorgung	48

		4.1.2	Nutzung der Windkraft im Modelllandkreis	51
		4.1.3	Nutzung der Photovoltaik im Modelllandkreis	53
	4.2	EVU-Netzanalyse und EVU-Netzplanung		55
		4.2.1	EVU-Netzanalyse des Umspannwerks EVU2	56
		4.2.2	EVU-Netzplanung – Operative REA-Anschlussplanung	61
		4.2.3	EVU-Netzanalyse des Umspannwerks EVU6	68
		4.2.4	EVU-Netzplanung – Operative REA-Anschlussplanung	72
	4.3	REA-Einspeisenetzplanung		77
	4.4	EVU/REA-Anschluss- und Ausbauplanung		77
		4.4.1	EVU/REA-Anschlussplanung	78
		4.4.2	EVU/REA-Ausbauplanung des 110-kV-Netzes	89
		Literatur		95
5	**Schlussfolgerungen**			97
Anhang				99
Sachverzeichnis				105

Veranlassung, Problemstellung und Notwendigkeit 1

Die Netze der elektrischen Energieversorgung erfahren einen stetig wachsenden Zubau an Regenerativen Energieeinspeiseanlagen (REA). Die Forschungs- und Entwicklungsanstrengungen auf dem Gebiet der REA und deren netzkompatible Anbindung haben seither ebenfalls zugenommen. Im Zuge dessen hat das Bayerische Staatsministerium für Umwelt und Verbraucherschutz das Forschungsprojekt „Neue Methoden der elektrischen Netzplanung zur nachhaltigen Anbindung von Windkraftanlagen im Binnenland" initiiert. Die Ergebnisse dieses Projektes bilden die Grundlagen des vorliegenden Buches. Die dabei erarbeiteten Methoden der Netzplanung wurden auf das Versorgungnetz eines bayerischen Landkreises angewandt, in dem ein massiver Zubau an REA in den letzten Jahren zu verzeichnen war. Die Nutzung der Windkraft und der Photovoltaik haben daran den größten Anteil. Aus Gründen der Übersichtlichkeit und Vertraulichkeit wurden alle Netzdaten und topographischen Gegebenheiten in eine äquivalente Modellregion überführt.

Der Zubau an REA in bestehende Netze der Verteilungsebene wirft immer die Frage nach einer geeigneten technischen und strukturellen Anbindung auf. Die bestehenden Netze sind meist unter den Prämissen Zuverlässigkeit, Reserve und Wirtschaftlichkeit geplant worden. Einfachheit, Klarheit und Robustheit der zum Einsatz kommenden technischen Systeme und Strukturen standen im Vordergrund. Der primäre und ausschließliche Zweck bestehender Netze ist die bedarfsgerechte Versorgung der angeschlossenen Stromkunden. Die Einspeisung erfolgt überwiegend zentral aus der Übertragungsebene. Für die Aufnahme von massiver dezentraler Einspeisung aus REA auf der Verteilungsebene sind die bestehenden Netze nicht ausgelegt. Die ursprünglichen Planungsziele können so immer weniger erfüllt werden. Der Anschluss von REA findet oft unter hohem Termindruck statt und ist von gesetzgeberischen Vorgaben (z. B. dem Erneuerbaren-Energien-Gesetz EEG) getrieben. Die Ausbaumaßnahmen erfolgen daher nicht nach strategischen Grundsätzen der Netzplanung sondern meist operativ. Zudem gelten in den bestehenden Netzen einerseits und den Einspeisenetzen der REA andererseits unterschiedliche Ziele und Vorgaben der Netz- und Anlagenbetreiber. Eine klare Zuständigkeits- und Verantwortungsstruktur für die Einspeisenetze insbesondere in der Verteilnetzebene fehlt bislang. Dies macht den

Netzbetrieb insgesamt unsicherer, aufwendiger und unwirtschaftlich, da die dann mittel- und langfristig notwendig werdenden Netzertüchtigungsmaßnahmen erneut hohe Investitionssummen erfordern.

Zur Lösung dieses Problems einer nachhaltigen Anbindung von REA, insbesondere von Windkraftanlagen, müssen neue Methoden und Denkweisen der Netzplanung entwickelt werden. Das Ziel muss sein, dass die bestehenden Netze ihr bisherig hohes Zuverlässigkeitsniveau für die Stromkunden sowie die angestellten Planungsziele beibehalten und der Anschluss der REA langfristig physikalisch und technisch beherrschbar, wirtschaftlich und umweltverträglich ist. Dazu ist netzplanerisch Neuland zu betreten.

In Kap. 2 und 3 wird aufbauend auf den Grundlagen der klassischen Netzplanung die Planungsmethodik „Duale Netzplanung" eingeführt und ausführlich erläutert. Das Kap. 4 beschreibt die Anwendung der dualen Planungsmethodik auf das elektrische Versorgungsnetz des betrachteten Landkreises als äquivalente Modellregion. Die erarbeiteten Netzarchitekturen zum Netzausbau und zum Anschluss der REA sind hier ausführlich dargelegt. Aufgrund der Größenordnung der geplanten installierten REA-Leistung erstrecken sich die Planungen vom 20-kV-Netz über die 110-kV- bis ins 220-kV- und 380-kV-Netz.

Netzplanung 2

2.1 Allgemein

Die Netzplanung der elektrischen Energieversorgung befasst sich mit der strukturellen und technischen Ausgestaltung elektrischer Netze sowohl der Übertragungs- als auch der Verteilungsebene. Die primäre Aufgabe des Netzplaners ist die zuverlässige und wirtschaftliche Versorgung der Stromkunden. Die Planungsarbeit wird bestimmt durch physikalische und technische Vorgaben, Erfahrungen, Forderungen interner und externer Art, Bestimmungen und Gesetze. Das Planungsergebnis bleibt jedoch zunächst Ansichtssache des Bearbeiters. Wahre und akzeptierte Planungsaussagen gibt es nur gegenüber einem Axiomensystem auf Basis objektiver Grundforderungen. Dies muss von allen an der Planung Beteiligten gemeinsam erarbeitet werden und darf keiner einseitigen Änderung unterliegen. Das Axiomensystem kann beispielsweise Festlegungen zur Übertragungsfähigkeit, Kurzschlussstrombeanspruchung, Versorgungszuverlässigkeit, Netzbetriebsführung etc. beinhalten. Die Erfüllung dieser Axiome sind die sogenannten Mussziele der Netzplanung /2.1/.

Andererseits soll die Netzplanung auch immer an den Planungszielen Sicherheit, Wirtschaftlichkeit und Umweltverträglichkeit orientiert sein. Diese sind in Abb. 2.1 als sogenanntes Zieldreieck dargestellt.

Das Zieldreieck gibt Wunschziele vor, die es alle möglichst gut zu erreichen gilt. Spezielle äußere Gegebenheiten können auch zu einer Betonung oder Relativierung eines Wunschzieles gegenüber den anderen führen. Dies muss von Fall zu Fall untersucht werden /2.1/.

Zur Erlangung eines akzeptierten Planungsergebnisses müssen nacheinander verschiedene Planungsschritte bzw. -phasen durchlaufen werden. Diese sind in Abb. 2.2 dargestellt. Allen voran steht die Informationssammlung. Dazu gehören nicht nur Betriebsmittel- und Netzdaten, sondern auch Prognosen, Tendenzen und Entwicklungen der Last und des ganzen Umfeldes des Netzes in der Zukunft, sowohl kurz- als auch längerfristig. Auch Erfahrungen, beispielsweise mit extremen Unwettern wie Hochwasser oder Orka-

Abb. 2.1 Zieldreieck

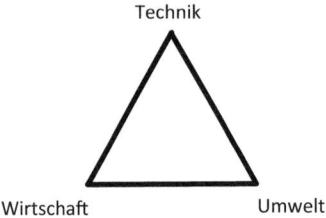

ne, dauerhafte Umwelteinflüsse, beispielsweise Salzgehalt der Luft in Küsten nähe, und Gewohnheiten des Betreibers aus der Vergangenheit und Gegenwart sind für die weitere Arbeit wichtig. Der Umfang und die Qualität der gesammelten Informationen bestimmt entscheidend die Qualität der Planungsergebnisse. Die Informationssammlung macht daher einen wesentlichen Teil des Arbeitsaufwandes einer Netzplanung aus /2.1/, /2.2/, /2.3/, /2.4/.

Ein weiterer Schritt der Informationssammlung stellt die Modellierung dar. Daten, Kenngrößen und Charakteristiken von Betriebsmitteln müssen für die spätere Netzberechnung in Simulationsmodelle umgesetzt und verifiziert werden.

Die nachfolgende Netzanalyse soll den Planer mit dem bestehenden Netz vertraut machen. Dazu werden Analysen der Netzstruktur und Netzberechnungen zu den Last- und Kurzschlussverhältnissen durchgeführt sowie Betrachtungen zu Ausfallszenarien angestellt. Über die Netzanalyse hinaus können so mögliche Schwachstellen des bestehenden Netzes ausfindig gemacht werden und durch Sofortmaßnahmen kurzfristig behoben werden. Handelt es sich um eine Neuplanung und ist kein bestehendes Netz vorhanden, entfällt diese Planungsphase.

Die Phase der Planungsarbeit umfasst die Erarbeitung neuer Netzstrukturen, Anlagengestaltung, Betriebsmittel und Betriebsweisen sowie die Erstellung meist mehrerer Planungsvarianten. Zudem werden verschiedene Ausbaustufen und die dazu erforderlichen Ausbaumaßnahmen in Form eines Masterplans festgelegt. Die Bewertung und die Findung der optimalen Lösung erfolgt auf Basis der im Vorfeld formulierten Muss- und Wunschziele sowie unter Rücksichtnahme auf wirtschaftliche Randbedingungen.

Die Planungsergebnisse werden dann durch begleitende Netzberechnungen auf ihre physikalische und technische Umsetzbarkeit verifiziert. Generell kann jeder Planungsschritt von Netzberechnung begleitet sein.

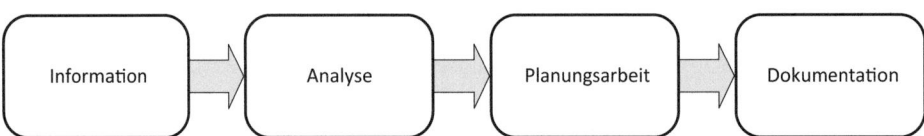

Abb. 2.2 Planungsschritte

2.1 Allgemein

Die Planungsergebnisse sind neben dem Ergebnisbericht größtenteils bildlich darzustellen. Die Plausibilisierung und Rechtfertigung der Ergebnisse gegenüber dem Auftraggeber erfordert daher geeignete Dokumentationsmittel. Dazu sind grafisch schematische oder geographisch lageähnliche Darstellungsweisen möglich. Insbesondere ist auf Übersichtlichkeit und Klarheit zu achten /2.4/, /2.5/, /2.6/.

Die kurzfristige Umsetzung von vorgeschlagenen Maßnahmen kann innerhalb von Monaten bis mehreren Jahren erfolgen, für einen langfristigen Masterplan können Zeiträume bis zu 20 Jahren vorgesehen sein.

Die Gründe zur Durchführung einer Netzplanung sind vielfältig:

- Änderung oder Erweiterung des Versorgungsgebietes, Anlagenersatz und Netzertüchtigung,
- Lastveränderung durch Zuwachs oder Verschiebungen der Lastschwerpunkte,
- Veränderung der Einspeisesituation durch REA und Anpassung an gesetzliche Auflagen z. B. EEG,
- Erhöhung der Versorgungszuverlässigkeit nach Ausfällen,
- Minimierung der Netzverluste und Verbesserung der Handhabung (Rationalisierung),
- Gestaltung automatisierungsfreundlicher Netze.

Eine fundierte Auseinandersetzung mit den Planungsergebnissen erfordert das eindeutige Verständnis der verwendeten Begriffe wie z. B.[1]

▶ Belastungsganglinie, Belastungsdauerlinie, Belastungsgrad m, Installierte Leistung, Gesicherte Leistung, Äquivalente Volllaststunden, Echte Volllaststunden, Elektrische Verluste, Hinnehmbare Unterbrechungsdauer, Versorgungsqualität, Versorgungszuverlässigkeit, Spannungsqualität.

Diese Begriffsbestimmungen sind im Anhang A.1 näher erläutert.

Die Gesamtheit einer Netzplanung ist mit folgenden Punkten zusammenzufassen:

- Sammeln und Zusammenfügen aller erreichbaren und sachbezogenen Informationen,
- Modellbildung,
- Bestandsaufnahme und Prognose zur Last- und Netzentwicklung,
- Aufstellen von Planungszielen und Erarbeiten von Lösungsvorschlägen,
- Prüfen auf Verträglichkeit und Auswahl der optimalen Lösung,
- Dokumentation zur Plausibilisierung und Rechtfertigung der Ergebnisse.

---

[1] Zitat „Bevor ihr euch streitet, klärt die Begriffe" Konfuzius 551–479 v. Chr.

2.2 Planungsmethoden

Die Planungsarbeit mit ihren Planungsschritten (siehe Abb. 2.2) kann zwei unterschiedliche Planungsmethoden verfolgen: operativ oder strategisch. Die operative Planungsmethode konzentriert sich auf eine kurzfristig günstige sowie lokale Lösung, die möglichst wenig Eingriff in das bestehende Netz erfordert. Die strategische Planungsmethode hingegen beruht auf einem bewussten Eingriff in das bestehende Netz als Gesamtsystem unter Beibehaltung oder Wiederherstellung von Standardnetzformen sowie auf einer Ausrichtung an mittel- bis langfristigen Planungszielen /2.3/, /2.4/, /2.5/, /2.6/, /2.7/.

2.2.1 Operative Planung

Operative Planungsmethoden verfolgen örtlich begrenzte und kurzfristige Netzausbau- oder Umgestaltungsmaßnahmen infolge zeitlich drängender Vorgaben Dritter. Langfristige Planungsziele stehen nicht im Vordergrund. Die Summierung operativ geplanter Maßnahmen kann zu einer tiefgreifenden Veränderung des bestehenden Netzes als Gesamtsystem führen. Aus einem einfach strukturierten und sicher zu betreibbaren Netz kann sich im Laufe der Zeit ein kompliziert strukturiertes und unsicheres System entwickeln. Zudem wird in zunehmendem Maße von Standardnetzformen, wie beispielsweise Stich-, Ring- oder Strangnetze, abgewichen. Die schwindende Übersichtlichkeit erschwert die Handhabung der Betriebsmittel und den Netzbetrieb. Die Netzführung ist immer weniger in der Lage alle Konsequenzen ihres Handelns zu erfassen. Die Versorgungszuverlässigkeit sinkt und das Netz wird langfristig unwirtschaftlich.

Der Netzanschluss von REA (z. B. Windkraftanlagen) wird häufig insbesondere bei Einzelanlagen durch einen operativen Planungsansatz realisiert. Die Gründe hierfür sind hoher Zeitdruck der Betreiber und Investoren von REA sowie gesetzliche Vorgaben, die ein operatives Vorgehen erfordern. Abb. 2.3 zeigt beispielhaft die Netzentwicklung bei operativer Planung für den Anschluss von REA.

Das bestehende historisch gewachsene und strukturell nicht optimale Netz (Abb. 2.3a) wird durch den Anschluss von REA unter erheblichen Einbußen an Versorgungszuverlässigkeit weiter verkompliziert (Abb. 2.3b). Eine steigende Anzahl an Neuanschlüssen von REA wird in absehbarer Zeit Einzelmaßnahmen zur Netzertüchtigung zwingend notwendig machen. Diese sind jedoch meist nicht mit langfristigen Planungszielen abstimmbar und führen auch langfristig zur Unwirtschaftlichkeit des Gesamtsystems.

2.2.2 Strategische Planung

Strategische Planung zielt auf einen strukturellen und ganzheitlichen Eingriff in das bestehende Netz unter Anwendung oder Beibehaltung von Standardnetzformen wie beispielsweise Stich-, Ring- oder Strangnetze ab. Zudem ist sie auf mittel- und langfristige

2.2 Planungsmethoden

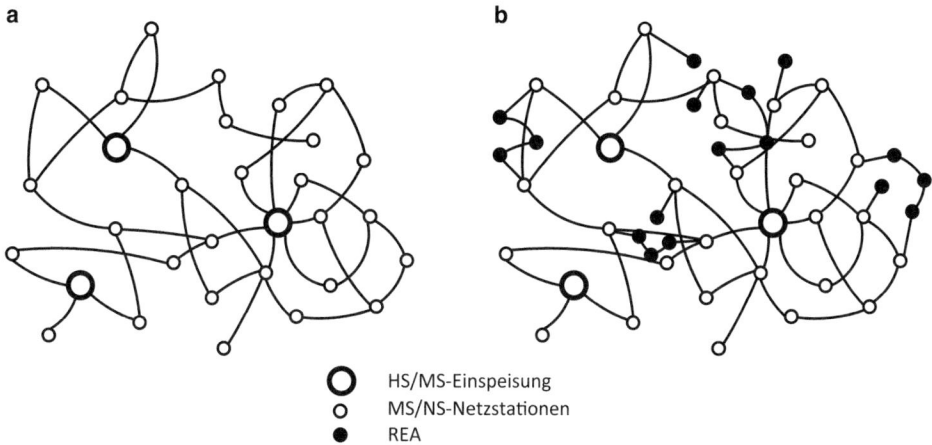

Abb. 2.3 **a** Bestehendes historisch gewachsenes MS-Netz, **b** Ergebnis der operativen REA-Anschlussplanung

Planungsziele ausgerichtet. Planungsergebnis ist ein Ziel-Netz, das meist durch mehrere geplante Netzumbau-, Netzausbau- oder Netzrückbauschritte über einen längeren Zeitraum aus dem bestehenden Netz erreicht wird (Masterplan). So lassen sich grundlegende und notwendige Netzstrukturverbesserungen insbesondere für historisch gewachsene Netze umsetzen und an zukünftige Herausforderungen anpassen.

Auch wenn vielfältige Zielvorgaben zu erfüllen sind, steht die Einfachheit, Klarheit und Robustheit der geplanten Netzstrukturen im Vordergrund. Damit bleibt die Versorgungszuverlässigkeit auch im Ziel-Netz erhalten und Fehlinvestitionen für nachträglich unvorhergesehene Netzertüchtigungen werden vermieden. Die Verquickung von Kundenanforderungen und Interessen des Energieversorgungsunternehmens in den Planungszielen erhöht zudem die Wirtschaftlichkeit des Kapitaleinsatzes bei den Netzbaumaßnahmen.

Strategische Netzplanung ist daher die geeignete Grundlage, um den vermehrten Anschluss von REA an das Versorgungsnetz in physikalischer und technischer Hinsicht zu handhaben sowie eine nachhaltige Nutzung der REA sicherzustellen.

Zur Durchführung strategischer Netzplanung werden unterschiedliche Methoden angewendet. Bei umfangreichen Netzen mit hohem Komplexitätsgrad wird die Methode der Greenfield-Planung verwendet. Auch bei einem Netzaufbau mit hoher Struktur-Divergenz zu Standardnetzformen wird diese Methode eingesetzt. Diese Methode ist auch zur Erlangung von Investitionssicherheit bei Netzumbaumaßnahmen mit erheblichem Investitionsbedarf geeignet /2.4/, /2.5/.

Die Greenfield-Planung und der Begriff der Netzarchitektur werden im nächsten Kapitel näher erläutert.

2.3 Netzarchitektur und Greenfield-Planung

Der Begriff Architektur beschreibt allgemein den Aufbau und die Gestaltung von Bauwerken. Der Begriff der Netzarchitektur wird häufig im Bereich der Informationstechnik benutzt und beschreibt dort den Aufbau und die Gestaltung von Netzen zur Datenübertragung. In unserem Fall handelt es sich um die Architektur elektrischer Energieversorgungsnetze.

▶   Die elektrische Versorgung kann prinzipiell über das komplizierteste Netz erfolgen.

Die Forderungen hinsichtlich hoher technischer, betrieblicher und wirtschaftlicher Vorteile kann nur ein Netz mit geeigneter und klarer Architektur sicherstellen. Es ist grundsätzlich zwischen zwei Netztypen zu unterscheiden, den öffentlichen Energieversorgungsnetzen (EVU-Netze) und den Industrie- oder Sondernetzen /2.2/, /2.3/, /2.6/, /2.8/.

Der Aufbau dieser beiden Netztypen unterscheidet sich deutlich, da unterschiedliche Anforderungen an das jeweilige Netz hinsichtlich der Versorgungsqualität gestellt werden. Insbesondere bei Industrienetzen, die z. B. zur Versorgung innerhalb eines Werksgeländes dienen, liegt die Spannungsqualität höher, da eventuell hochempfindliche Technologieprozesse versorgt werden müssen. Im Gegensatz dazu versorgt das öffentliche Energieversorgungsnetz die allgemeinen Lasten wie Wohnsiedlungen und Gewerbegebiete. Die Versorgung der Großindustrie erfolgt über Hochspannungsnetze höherer Versorgungszuverlässigkeit. Die Folge sind unterschiedliche Netzarchitekturen, wie auch in der Architektur bei Gebäuden für den Wohn- oder Industriebedarf.

Zur Ausgestaltung von Bauwerken stehen dem Architekten verschiedene Etagen und Zimmer zur Verfügung, in der Netzplanung sind das für den Netzplaner unter anderem die Auswahl geeigneter Standorte der Umspannwerke und die Auswahl der Netzformen und Betriebsmittel. Bewährte Standardnetzformen für die Mittelspannungs-Verteilungsnetze aus der Praxis sind /2.1/, /2.9/:

- Strahlennetz,
- Ringnetz,
- Strangnetz (Netz mit Gegenstation).

In der Abb. 2.4 sind die drei Standardnetzformen für ein einfaches Energieversorgungsnetz gezeigt. Ein HS/MS-Umspannwerk als Einspeisepunkt wird im Folgenden als HS/MS-Einspeisung bezeichnet. Diese versorgt beispielsweise 15 MS/NS-Netzstationen. Die MS/NS-Netzstationen sind für alle drei Netzformen ortsfest.

Übertragungsnetze der Hoch- und Höchstspannungsebene weisen oft aufgrund ihrer Funktion des Energietransportes von den Kraftwerken in die Lastzentren eine Vielzahl von vorgegebenen Netzstrukturen auf, die geschlossen betrieben werden müssen. Nach

2.3 Netzarchitektur und Greenfield-Planung

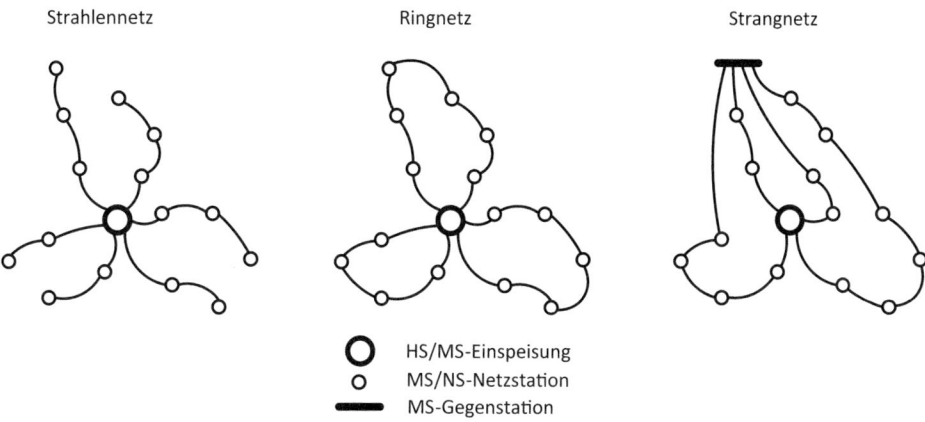

Abb. 2.4 Standardnetzformen – Strahlen, Ringnetz und Strangnetz

der Energieübertragung (Übertragungsnetz) und Energieverteilung (Verteilungsnetz) übernehmen die Niederspannungsnetze die Einspeisung vieler einzelner Verbraucher. Industriekunden oder Sonderabnehmer können auch vom Übertragungsnetz oder Verteilungsnetz direkt eingespeist werden. Die Niederspannungsnetze weisen in den Städten erhebliche Umfänge auf. Die Forderung nach Versorgungszuverlässigkeit und Wirtschaftlichkeit kann durch eine geeignete Netzarchitektur erfüllt werden. Auf der Niederspannungsebene sind vereinzelt auch Maschennetze im Einsatz, die einfach oder mehrfach gespeist sind /2.1/.

Elektrische Energieversorgungsnetze sind keine statischen Gebilde sondern verändern sich entsprechend der Belastungs- und Einspeiseentwicklung. Die Praxis zeigt, dass der Netzaufbau oft nach unterschiedlichen Planungsmethoden erfolgt. Das Ergebnis ist ein historisch operativ gewachsenes Netz, welches in einigen Fällen keine erkennbare Netzarchitektur mehr besitzt. Hinzu kommt der vermehrte Anschluss von REA, der meist nicht netzdienlich ist und das Netz weiter entfremdet. Daher muss der Zubau und Anschluss von REA in die Planung der Energieversorgungsnetze mit einbezogen werden.

Die Abb. 2.5a zeigt hierzu beispielhaft ein historisch gewachsenes MS-Netz, welches keine klaren Strukturen, wie die Standardnetzformen aus Abb. 2.4, erkennen lässt. Insbesondere die vielen Kreuzungspunkte der Leitungsverbindungen machen es schwer, klare und sichere Aussagen über das Netz zu treffen. Zudem ist auffällig, dass bei vielen Netzstationen mehrere abgehende Verbindungen existieren. Dies hat den Nachteil, dass dort eigens Schaltanlagen aufgebaut werden müssten, um die Versorgungszuverlässigkeit zu gewährleisten.

Mit der Methode der Greenfield-Planung kann das beispielhafte Ist-Netz aus Abb. 2.5a in ein optimal strukturiertes Netz überführt werden. Im Allgemeinen kann der Aufbau jedes Netzes mit dieser Methode verbessert werden /2.4/, /2.5/.

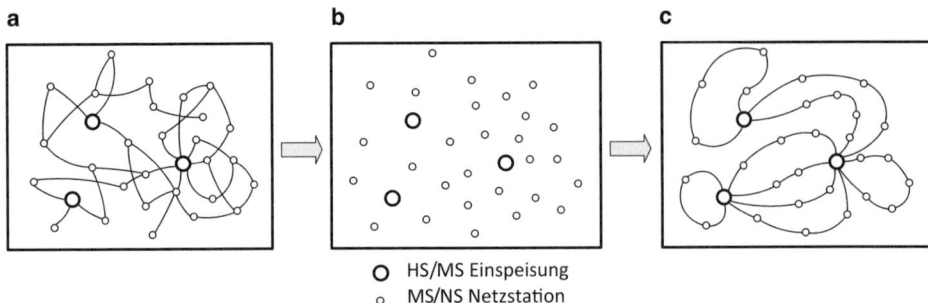

Abb. 2.5 a historisch gewachsenes Netz: Ist-Netz, **b** Verbindungsleitungen ausgeblendet, **c** Ziel-Netz: Planungsergebnis der Greenfield-Planung

Für die Durchführung der Greenfield-Planung sind folgende Arbeitsschritte notwendig:

> Im ersten Schritt wird ein lageähnlicher Netzplan mit folgenden Eckpunkten erstellt:
>
> - Netzstationen mit ihren Lasten,
> - Sonderabnehmer-Stationen mit ihren Lasten,
> - HS/MS-Einspeisungen (Umspannwerke als Einspeisepunkte),
> - Zukünftige Belastung der Netzstationen und Anlagen.
>
> Im zweiten Schritt werden die vorhandenen Verbindungsleitungen des Ist-Netzes vollständig ausgeblendet. Das Ergebnis zeigt Abb. 2.5b.
>
> Im dritten Schritt wird für die Versorgung der Netz- und Sonderabnehmerstationen ein optimales Netz, genannt Ziel-Netz, unter Berücksichtigung aller Muss- und Wunschziele geplant. Dabei können verschiedene Varianten entstehen, die unter den Gesichtspunkten Technik, Wirtschaftlichkeit und Umwelt gegenübergestellt werden müssen.

Die Auswahl muss dann auf die Variante fallen, die das ausgewogenste Verhältnis zwischen diesen drei Aspekten herstellt. Ein mögliches Ziel-Netz als Planungsergebnis der Greenfield-Planung ist in Abb. 2.5c dargestellt. Die Einspeise- und Stationsstandorte des Ist-Netzes bleiben vollständig erhalten. Die einzelnen Stationen sind jetzt mit Hilfe von Ring- und Strangnetzen zwischen den einspeisenden Umspannwerken verbunden worden, wobei eine klare Architektur des Netzes zu erkennen ist. Das Netz besteht nun aus 6 Strängen und aus 3 Ringen. Durch die nun bessere Übersichtlichkeit des Netzes sind auch der Betrieb sowie die Fehlerbehebung deutlich einfacher. Dies erhöht wiederum die

Versorgungszuverlässigkeit, da durch ein einfacheres Handeln die Unterbrechungsdauer im Störfall verkürzt wird und die Schalthandlung nachvollziehbarer wird.

Das historisch gewachsene Ist-Netz aus Abb. 2.5a muss jetzt, mittel- oder langfristig, durch verschiedene praktische Ausbau-, Umbau- und Rückbaumaßnahmen in das Ziel-Netz aus Abb. 2.5c überführt werden. Dies geschieht normalerweise aus administrativen und wirtschaftlichen Gründen innerhalb mehrerer Ausbaustufen, die auch im Rahmen dieser Planungsphase ausgearbeitet werden. Die Erarbeitung des Masterplans zur praktischen Umsetzung des Ziel-Netzes ist gleichzeitig ein wesentlicher Teil der Greenfield-Planung /2.4/, /2.5/.

Dazu werden zunächst das Ist-Netz und Ziel-Netz hinsichtlich ihrer Struktur miteinander verglichen. Aus dem Vergleich ergeben sich die notwendigen Netzmaßnahmen z. B. Verwendung vorhandener Kabel, die im guten Zustand sind und der geplanten Struktur entsprechen, Verwendung von neuen Kabelverbindungen und/oder Wegfall von obsolet gewordenen Schaltanlagen etc. /2.10/. Bestehende Betriebsmittel sind soweit möglich mit *kreativem Verstand* zu nutzen, um den Ansprüchen der Wirtschaftlichkeit gerecht zu werden. Die Erfahrung aus durchgeführten Planungen dieser Art zeigt, dass meist einige bestehende Betriebsmittel auch zurückgebaut werden können, da sie für die neue Ziel-Netz-Struktur keine Funktion mehr erfüllen und durch den Rückbau erhebliche Ersatzmaßnahmen und Wartungskosten gespart werden.

Das geplante Ziel-Netz und die notwendigen Netzausbaustufen müssen in einem letzten Schritt durch Netzberechnungen verifiziert werden, damit keine physikalischen und technischen Grenzwerte verletzt werden. Das vorgegebene Niveau an Versorgungszuverlässigkeit muss ebenfalls anhand von Netzausfallrechnungen überprüft werden.

Die Greenfield-Planung ist somit generell eine wichtige Methode der strategischen Netzplanung und eignet sich insbesondere zur Handhabung operativ gewachsener Netze /2.4/, /2.5/, /2.6/, /2.7/, /2.9/, /2.11/.

Eine umfassende Netzplanung zeichnet sich dadurch aus, dass die langlebigen Betriebsmittel wie Kabel und Transformatoren entsprechend ihrer hohen Lebensdauer (40–50 Jahre) optimal ausgelastet sind. Beispielsweise liegt die technisch wirtschaftliche Auslastung bei Transformatoren nach den bisherigen Erfahrungen zwischen 60 und 70 %. Der optimale Einsatz hoher Investitionen für langlebige Betriebsmittel kann daher nur durch die Greenfield-Planung sichergestellt werden. Sie minimiert zudem die Wahrscheinlichkeit von Planungsfehler und Fehlinvestitionen bei der praktischen Umsetzung. Sie ist auch zur Planung von Windparks geeignet.

Die berechtigten Erwartungen an ein elektrisches Versorgungsnetz hinsichtlich der Ressourcen-Schonung und des Umweltschutzes können mit Hilfe der Greenfield-Planung erfüllt werden. Durch eine gezielte belastungsabhängige Netzarchitektur werden die Anzahl der Anlagen und der Materialeinsatz sowie die Netzverluste minimiert. Dies unterstreicht die Nachhaltigkeit im Ansatz der Greenfield-Planung.

Strategische Planungsmethoden können jedoch nicht unmittelbar auf die Problematik des vermehrten Anschlusses von REA angewendet werden. REA dürfen in der klassischen Netzplanung nicht als Einspeisung behandelt werden, da sie nur stochastisch einspeisen können und somit keine gesicherte Leistung bereitstellen /2.12/, /2.13/. Von einer gesicherten Leistung darf in der Netzplanung nur bei Umspannwerken ausgegangen werden, die an das Übertragungs- oder überregionale Verteilungsnetz angeschlossen sind. Innerhalb des gesamten Energiesystems muss ausreichend gesicherte Leistung vorhanden sein. REA lassen sich somit nur schwer unmittelbar in das Netz integrieren, sie müssen viel mehr eine eigene Netzebene im gesamten Energieversorgungssystem einnehmen, insbesondere bei einer hohen Einspeiseleistung wie bei Windkraftanlagen (WKA) und Freiflächenanlagen der Photovoltaik. Dabei werden die Anlagen in einem größtmöglichen Bereich zusammengeschlossen und bilden sogenannte Clusternetze oder Einspeisenetze. Die Einspeisenetze bieten zudem die Möglichkeit die REA in vorteilhafter Weise mit Energiespeicheranlagen unterschiedlicher Kapazität und Dynamik zu ergänzen und gesicherte Leistung am Anschlusspunkt zur Verfügung stellen. Dies würde erstmalig den 1:1-Ersatz von konventioneller Kraftwerksleistung durch REA ermöglichen /2.14/, /2.15/. Andererseits bestehen innerhalb der Einspeisenetze, im Falle der Anbindung ans EVU-Netz über Umrichter, Freiheitsgrade der Versorgungsqualität hinsichtlich der Netzspannung und der Netzfrequenz, da dort keine Lasten unmittelbar angeschlossen sind. Dies vereinfacht die Netze und kann sie wirtschaftlicher machen.

Abb. 2.6b zeigt beispielhaft, wie ein strategisch geplantes EVU-Netz (Abb. 2.6a) durch einen operativen REA-Anschluss die strukturelle Versorgungszuverlässigkeit verliert. Klassische Netzplanungsmethoden müssen daher weiterentwickelt werden.

Der Anforderung des Erhalts der Versorgungszuverlässigkeit kann nur eine Duale Planungsmethodik gerecht werden. Diese betrachtet das bestehende Energieversorgungsnetz getrennt von den REA und führt diese an geeigneter Stelle unter technisch, wirtschaftlich und umweltverträglich optimalen Bedingungen wieder zusammen und beeinträchtigt gleichzeitig das bestehende Energieversorgungsnetz nicht nachteilig.

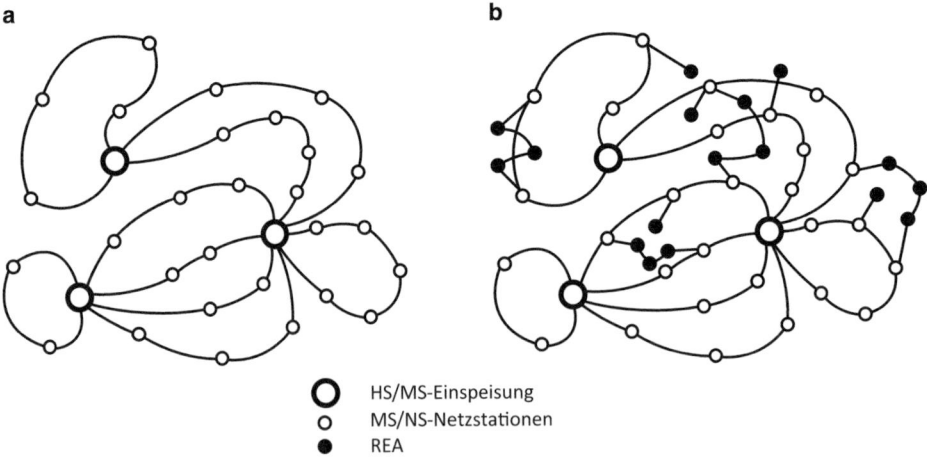

Abb. 2.6 a Ziel-Netz der Greenfield-Planung, b Operativer REA-Anschluss

Im Folgenden wird die Duale Planungsmethodik im Hinblick auf die Anbindung von binnenländischen Windkraftanlagen an Energieversorgungsnetze erläutert und damit neue Planungswege aufgezeigt.

Literatur

/2.1/ H. Nagel, Systematische Netzplanung, VDE-Verlag, 2008.

/2.2/ H. Kiank und F. Wolfgang, Planungsleitfaden für Energieverteilungsanlagen, Erlangen: Publicis Publishing, 2011.

/2.3/ E. Petrossian und D. Steiniker, Modernisierung der Stromversorgung von drei Autofabriken, „ew" Heft 9/2001, 2001

/2.4/ E. Petrossian, Th. Connor, E. Oehler und S. Scherer, Greenfield-Planung eines Versorgungsnetze, „ew" Heft 8/2005, 2005

/2.5/ A. Rottonara und E. Petrossian, Il progetto Greenfield di Siemens, AETI, Milano 2006

/2.6/ M. Kiok, E. Rittmeyer und E. Petrossian, Spannungswahl und Netzgestaltung in einer Großstadt, Internationales Symposium, ETH, EWZ, Zürich 1992

/2.7/ E. Petrossian, M. Kiok und E. Rittmeyer, Restructuring of the High-Voltage System in a City effects on the 10 kV System Configuration and System Operation, IEE Confrence Publication No: 373, Birmingham 1993

/2.8/ VDEW, Planung und Betrieb von städtischen Mittelspannungsnetzen, Frankfurt: VWEW-Verlag, 1991.

/2.9/ E. Petrossian, Nicht nur für große Netze, EV Report, 1994

/2.10/ C. Romeis, E. Petrossian und J. Jäger, Ganzheitliche Planungsmethode zur Netzertüchtigung, „ew" Heft 12/2014, 2014

/2.11/ E. Petrossian, C. Böse, E. Öhler und A. Rottonara, EVERDAY DECISIONS CONCERNING NETWORK DEVELOPMENT CAN BE OPTIMIZED, 19th International Conference and Exhibition on ELECTRICITY DISTRIBUTION, Wien 2007

/2.12/ J. Jäger, Wenn der Strom nicht aus der Steckdose kommt – Folgen, Ursachen und vorbeugende Maßnahmen, Fachzeitschrift „Uni-Kurier" der Friedrich-Alexander-Universität Erlangen-Nürnberg, 2006

/2.13/ J. Jäger, J. Fuchs und K. Schuster, Windenergie – zwischen Ertragsoptimierung und Versorgungssicherheit, ew-Magazin für die Energiewirtschaft H. 25–26, 2008

/2.14/ S. Henninger, J. Jäger, H. Rubenbauer, An advantageous grid integration method and control strategy for renewable energy sources and energy storage systems, Internationaler ETG Congress, Bonn, 2015

/2.15/ S. Henninger, J. Jäger, H. Rubenbauer, Dimensioning and Control of Energy Storage Systems for Renewable Power Leveling, IEEE/PES T&D Conference and Exposition, Dallas, 2016

Duale Planungsmethodik 3

3.1 Grundlagen

Die geforderte hohe Versorgungszuverlässigkeit und Wirtschaftlichkeit für die öffentlichen Energieversorgungsnetze (EVU-Netze) einerseits und der Zwang zu raschen sowie kostengünstigen REA-Anschlüssen andererseits führen zu netzplanerischen Konfliktsituationen. Zur Lösung des Konfliktes wurde die Duale Planungsmethodik entwickelt.

Bei der Dualen Netzplanung werden das EVU-Netz und das REA-Einspeisenetz zunächst getrennt voneinander entsprechend ihrer spezifischen Wunsch- und Muss-Ziele geplant und anschließend zusammengeführt. Die Schritte der Dualen Planungsmethodik sind in Abb. 3.1 schematisch dargestellt.

Die Notwendigkeit der Dualen Netzplanung ergibt sich aufgrund unterschiedlicher Kriterien und Vorgaben, wie z. B. der Versorgungszuverlässigkeit und Lebensdauer der Anlagen. Bei reinen EVU-Netzen spielt das $(n-1)$-Kriterium eine zentrale Rolle, da hierdurch die geforderte hohe Versorgungszuverlässigkeit gewährleistet werden kann.

REA hingegen werden nach dem $(n-0)$-Kriterium angeschlossen, d. h. im Falle einer Störung in der Netzanschlussanlage ist keine Einspeisung mehr möglich. Die erwartete Lebensdauer der Betriebsmittel im EVU-Netz liegt bei 40 bis 50 Jahren. Für die Lebensdauer von REA liegen bisher noch kaum Erfahrungen vor. Es werden derzeit 20–25 Jahre angenommen. Die anfänglich installierten WKA waren für relativ geringe Nennleistungen bemessen, beispielsweise 500 kW. Diese wurden verständlicherweise an Orten mit hohem Windaufkommen errichtet. Aufgrund der relativ kurzen WKA-Lebensdauer und der Möglichkeit der erheblichen Leistungssteigerung durch neue WKA, beispielsweise auf 3,6 MW, werden vielerorts die alten WKA durch neue ersetzt. Dies wird allgemein als Repowering bezeichnet. Repowering hat nicht unerhebliche Rückwirkungen auf den Netzaufbau. Die netztechnische Einbindung der alten WKA in die bestehenden Netze erfolgte oft direkt und auf einfachste Art. Der Anschluss der neuen WKA (als Ersatz für alte WKA) mit erheblich höheren Nennleistungen kann zu einer deutlich höheren Netzbelastung am Anschlusspunkt führen. Dies ist mit der vorhandene Netz-Konstellation oft

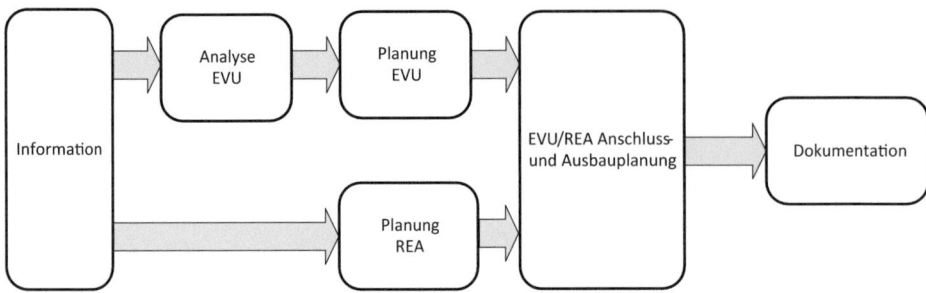

Abb. 3.1 Schritte der Dualen Planungsmethodik

nicht zu bewerkstelligen. Ein 1:1-Ersatz ist nicht möglich. Das Repowering erfordert die Durchführung der Dualen Netzplanung. Im Falle bereits bestehender Einspeisenetze werden diese ebenfalls analysiert und im Rahmen der REA-Planung strukturell angepasst und in das Gesamtkonzept integriert. In der Abb. 3.2 sind die beiden unterschiedlichen Teilnetze, EVU-Netz und REA-Einspeisenetz dargestellt.

Die Duale Planungsmethodik umfasst folgende Arbeitsschritte:

- Informationssammlung bestehendes EVU-Netzgebiet und REA, Modellierung,
- EVU-Netze
  - Netzanalyse,
  - Verbesserungsvorschläge (Schwachstellenbehebung),
  - Planung des Ziel-Netzes,
  - Netzberechnungen,
- REA-Einspeisenetze
  - Informationssammlung – Einspeisesituation, Modellierung,
  - Möglichkeiten des direkten Netzanschlusses,
  - Planung der Einspeisenetze,
  - Netzberechnungen,
- EVU/REA-Anschluss- und Ausbauplanung
  - Planung des Netzanschlusses (Netzanschlusspunkte),
  - Ausbaunetzplanung,
  - Netzberechnungen.

Die Anwendbarkeit der Dualen Planungsmethodik wurde anhand einer beispielhaften Region einem Praxistest unterzogen. Die Ergebnisse sind im Kap. 4 dargelegt.

Die Abb. 3.3 zeigt beispielhaft ein mögliches Ergebnis der Dualen Netzplanung zum Anschluss von REA im Vergleich zu einem operativen Planungsergebnis aus Abb. 2.6b. Das bestehende EVU-Netz bleibt in seiner Struktur erhalten, es kommen lediglich neue Einspeisepunkte in Form von Umspannwerken hinzu. Diese legen die Anschlusspunkte an das überlagerte Hochspannungsnetz fest.

3.1 Grundlagen

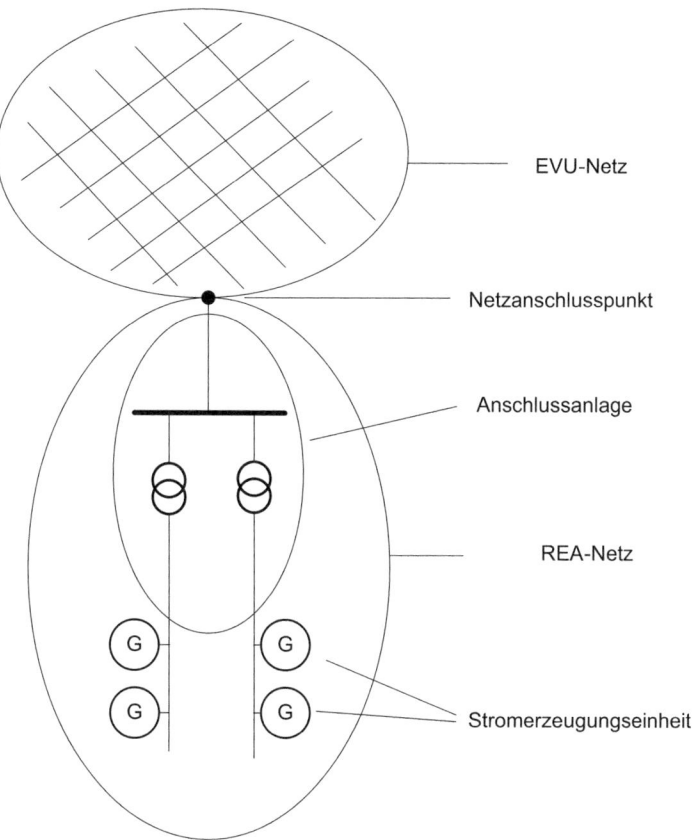

Abb. 3.2 Duale Netzstruktur: EVU-Netz und REA-Einspeisenetz

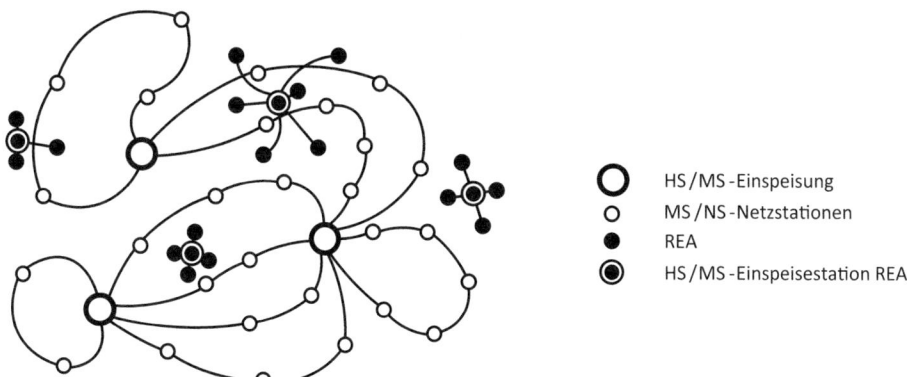

Abb. 3.3 REA-Anschluss mit Dualer Planungsmethodik

3.2 Planung des bestehenden EVU-Netzes

Zunächst werden die bestehenden EVU-Netze analysiert und – falls erforderlich – Planungen zur Neustrukturierung dieser durchgeführt. Dies erfolgt ohne die Berücksichtigung der neu anzuschließenden REA. Folgende Arbeitsschritte sind dabei durchzuführen.

3.2.1 Informationssammlung

Bei der Netzplanung steht die Informationssammlung an erster Stelle. Bei fehlenden Daten und Informationen müssen Annahmen getroffen werden /3.1/, /3.2/, /3.3/. Dabei ist darauf zu achten, dass die Annahmen nicht zu konservativ und auch nicht zu optimistisch angesetzt werden. Dies könnte zu Netzen führen, die eventuell überdimensioniert oder zu schwach ausgelegt sind. Um solche Probleme möglichst zu vermeiden, sind die im Folgenden aufgelisteten Daten entsprechend der Aufgabenstellung notwendig.

Mittelspannungsnetze

- Lageähnliche Netzpläne (Lage der Einspeisung aus dem übergeordneten Netz, Standorte von Stationen, Trassenführung von Kabeln und Freileitungen, Topographie),
- Schemapläne (Prinzip-Schaltpläne) von den zu betrachtenden Netzen,
- Betriebsmitteldaten (Netzdaten):
  - **Einspeisung** (Nennspannung, Bemessungsspannung, Netzkurzschlussleistung, R/X-Verhältnis),
  - **110 kV/MS-Transformatoren** (Transformatorname, Bemessungsspannung primär u. sekundär, Bemessungsleistung, Kurzschlussspannung, Schaltgruppe, Zusatzspannung pro Regelstufe, Regelbereich),
  - **Schaltanlagen** (Name, Nennstrom, Bemessungsspannung, Bemessungs-Kurzschlussausschaltstrom, Bemessungs-Kurzschlusseinschaltstrom, Bemessungs-Kurzzeitstrom),
  - **MS/NS-Transformatoren** (Transformatorname, Bemessungsspannung primär u. sekundär, Bemessungs-Leistung, Kurzschlussspannung, Schaltgruppe),
  - **Kabel** (Name der Kabelverbindung, Typ, Bemessungsspannung, zulässige Strombelastbarkeit),
  - **Freileitungen** (Name der Freileitungsverbindung, Typ, Bemessungsspannung, zulässige Strombelastbarkeit),
  - **Generatoren** (Generatorname, Bemessungsspannung, Bemessungsleistung, Nennleistungsfaktor, transiente und subtransiente Reaktanzen, R/X-Verhältnis am Anschlussort),
- Daten über den Netzbetrieb: Belastungswerte (Höchstlasten der Stationen und Sonderabnehmer), Normalschaltzustand und Störfall-Schaltzustände, Art der Sternpunktbehandlung, Netzschutz, eventuell Lebenslaufakten der Betriebsmittel,

- Angaben zu zukünftigen Netzausbau- bzw. Netzrückbaumaßnahmen,
- Versorgungsgrenzen (Eigentumsgrenzen).

Hochspannungsnetze

- Lageähnliche Netzpläne (Lage der Einspeisung aus dem übergeordneten Netz, Standorte von Umspannwerken, Trassenführung von Kabeln und Freileitungen, Topographie),
- Schemapläne (Prinzip-Schaltpläne) von den zu betrachtenden Netzen,
- Betriebsmitteldaten (Netzdaten):
  - **Einspeisung** (Nennspannung, Bemessungsspannung, Netzkurzschlussleistung, R/X-Verhältnis),
  - **380/110-kV-Transformatoren** (Transformatorname, Bemessungsspannung primär u. sekundär, Bemessungsleistung, Kurzschlussspannung, Schaltgruppe, Zusatzspannung pro Regelstufe, Regelbereich),
  - **Schaltanlagen** (Name, Nennstrom, Bemessungsspannung, Bemessungs-Kurzschlussausschaltstrom, Bemessungs-Kurzschlusseinschaltstrom, Bemessungs-Kurzzeitstrom),
  - **110-kV/MS-Transformatoren** (Transformatorname, Bemessungsspannung primär u. sekundär, Bemessungsleistung, Kurzschlussspannung, Schaltgruppe, Zusatzspannung pro Regelstufe, Regelbereich),
  - **Kabel** (Name der Kabelverbindung, Typ, Bemessungsspannung, zulässige Strombelastbarkeit),
  - **Freileitungen** (Name der Freileitungsverbindung, Typ, Bemessungsspannung, zulässige Strombelastbarkeit),
  - **Generatoren** (Generatorname, Bemessungsspannung, Bemessungsleistung, Nennleistungsfaktor, transiente und subtransiente Reaktanzen, R/X-Verhältnis am Anschlussort),
- Daten über den Netzbetrieb: Belastungswerte (Höchstlasten der Umspannwerke und Sonderabnehmer), Normalschaltzustand und Störfall-Schaltzustände, Art der Sternpunktbehandlung, Netzschutz, eventuell Lebenslaufakten der Betriebsmittel,
- Angaben zu zukünftigen Netzausbau- bzw. Netzrückbaumaßnahmen,
- Versorgungsgrenzen (Eigentumsgrenzen).

Das Zusammentragen der notwendigen Informationen erfordert viel Zeit und Geduld, bildet jedoch die entscheidende Grundlage für die weitere Planungsarbeit und beeinflusst in hohem Maße den Wert des Planungsergebnisses.

3.2.2 Netzanalyse

Die Analyse des existierenden EVU-Netzes (Ist-Netz) besteht aus drei Teilen, allgemeine Netzanalyse, Planung von Sofortmaßnahmen falls sich Engpässe oder Schwachstellen ergeben und Netzberechnungen zur Verifizierung der Ergebnisse.

Insbesondere sind die Ist-Netze auf folgende Engpässe und Schwachstellen zu untersuchen:

- Überlastete Kabel und/oder Transformatoren,
- $(n-1)$-Probleme,
- Anlagenzustand (Alter der Anlagen).

Nach Ermittlung der Engpässe oder Schwachstellen im Netz werden diese dokumentiert. Außerdem wird im Rahmen der Analyse überprüft, ob der Aufbau der Netze den Standardnetzformen Ring- und Strangnetz entspricht. Dabei wird die Einhaltung des $(n-1)$-Kriteriums betrachtet.

Die Schaltanlagen ($\hat{=}$ Netzknotenpunkte) spielen eine wesentliche Rolle bei der Sicherstellung der notwendigen Versorgungszuverlässigkeit. Aufgrund der Langlebigkeit stehen diese nicht immer im Fokus der Netzplanung. Es empfiehlt sich bei Netzanalysen das Anlagenalter mit einzubeziehen.

Mit Hilfe der Netzberechnungen für die Lastfluss- und Kurzschlussstromverhältnisse werden Engpässe und Schwachstellen aufgrund von Grenzwertverletzungen ermittelt und sichtbar gemacht. Wichtige Kriterien dabei sind:

- Strombelastung der Netzzweige,
- Spannungsfall der Netzknoten,
- Kurzschlussfestigkeit der Betriebsmittel,
- Anregung und Selektivität des Netzschutzes.

Für die Behebung von Engpässen und Schwachstellen sind Netzertüchtigungsmaßnahmen zu planen. Diese sollten, wenn möglich, an den strategischen Planungsansatz angepasst sein und sich in die Langzeitplanung eingliedern lassen. Diese Maßnahmen können kurz- bis mittelfristig umgesetzt werden. Um die Wirtschaftlichkeit zu wahren, kann es sinnvoll sein, strategische Maßnahmen im Zusammenhang mit bereits geplanten Netzumbaumaßnahmen zu realisieren, beispielhaft sei hier die Verkabelung von Freileitungen in der Mittelspannungsebene genannt.

Werden durch die Netzanalyse gravierende Engpässe oder Netzstrukturprobleme festgestellt, muss neben der Planung von Sofortmaßnahmen auch eine Greenfield-Planung durchgeführt werden. Die durch die Greenfield-Planung erzielten Ergebnisse führen zur Verbesserung der Netzstruktur und dienen meist der Vereinfachung der Betriebsführung sowie der Abläufe bei der Ortung und Behebung von Netzfehlern. Hierbei handelt es sich beispielsweise um die Verlegung von Trennstellen und Auflösung von Dreibein-Verbindungen.

Falls die durchgeführte Analyse des Ist-Netzes jedoch einen klar strukturierten Netzaufbau ergibt und weder Engpässe noch Schwachstellen offenlegt, d. h. beispielsweise das Ist-Netz besteht bereits aus Ringen und Strängen und verfügt über ausreichend Reserven, wird das Ist-Netz als Ziel-Netz bestätigt. Andernfalls folgt die Planung des Ziel-Netzes wie unter Abschn. 3.2.3.

3.2.3 Planung des Ziel-Netzes

Die Durchführung der Netzanalyse kann die Notwendigkeit der strukturellen Neugestaltung eines bestehenden Netzes, d. h. die Planung eines Ziel-Netzes, ergeben. Die Netzanalyse und die Planung des EVU-Ziel-Netzes sind auch für die nachfolgende Ermittlung der geeigneten REA-Anschlusspunkte entscheidend. Die Planung des Ziel-Netzes erfolgt wiederum ohne die REA. Hierbei ist die Planung in die folgenden Teilschritte gegliedert:

- Lastabschätzung,
- Planung des Ziel-Netzes,
- Planung der notwendigen Maßnahmen.

Lastabschätzung
Für die Netzplanung stehen die Versorgung der gegenwärtigen Last und die zukünftige Lastentwicklung im Vordergrund /3.1/, /3.2/, /3.4/, /3.5/, /3.6/, /3.7/. Zur besseren Ermittlung der derzeitigen Netzbelastung und ihre geografische Verteilung sowie Abschätzung der zukünftigen Belastung wird das Versorgungsgebiet in mehrere Versorgungsbereiche unterteilt. Breite Straßen, Eisenbahnlinien, Flüsse, Gebirge etc. können hierfür als Grenzen der Versorgungsbereiche dienen.

Die Summe der Netz- und Kundenstationslasten je Versorgungsbereich stellt die derzeitige Belastungssituation dar. Die Belastung von Kabelsträngen und Umspannwerken können ebenfalls herangezogen werden.

Die, im Vergleich zum Gesamtgebiet, kleinere Fläche der Versorgungsbereiche lässt eine individuelle Abschätzung der zukünftigen Belastungsentwicklung zu. Grundsätzlich sind drei Entwicklungen möglich: Lastzuwachs, Lastabnahme und/oder Stagnation der Last.

Anschließend werden die Lasten der Versorgungsbereiche für zwei Ausbaustufen abgeschätzt und in die so genannte Lastkarte eingetragen. Hier sollte ein besonderes Augenmerk auf die Anbindung etwaiger Sonderabnehmer, wie z. B. Industrieanlagen oder Gewerbegebiete, gelegt werden. Für Fälle in Deutschland wird man meist von einer Laststagnation oder einem leichten Rückgang sprechen, damit ist die Lastsituation für etwaige Ausbaustufen schon festgelegt und entspricht dem heutigen Stand.

Die Belastungen in den Versorgungsbereichen legen die notwendige Anzahl der Stationen, Ringe bzw. Stränge und speisenden Kabel je Versorgungsbereich fest. Außerdem werden die erforderliche Anzahl der Umspannwerke und ihre geeignete Lage sichtbar.

Planung des Ziel-Netzes
Da sich bei großen Veränderungen und Anpassungen des Ist-Netzes hohe Investitionssummen ergeben, wird für die Planung des Ziel-Netzes die Anwendung der Planungsmethode Greenfield-Planung vorgeschlagen. Die Anwendung der Greenfield-Planung stellt sicher, dass Investitionen optimal eingesetzt und damit Fehlinvestitionen ausgeschlossen werden /3.6/, /3.7/, /3.8/, /3.8/, /3.9/. Die Idee und das Vorgehen der Greenfield-Planung wurden im Abschn. 2.3 ausführlich dargelegt. Die hauptsächliche Planungsarbeit besteht schließlich darin, historisch gewachsene Netze auf einfache und klare Netzstrukturen zurückzuführen, die mit einer technischen und wirtschaftlichen Reserve für die Zukunft ausgestattet sind. Denn eine einfache Struktur ist gut beherrschbar und trägt damit zu einer zuverlässigen und sicheren Versorgung bei.

Zur Planung des Ziel-Netzes wird die unter dem Arbeitsschritt „Lastabschätzung" empfohlene Lastkarte herangezogen. Diese zeigt zuerst nur die lageähnliche Anordnung der Stationen als Lastpunkte in den jeweiligen Versorgungsbereichen. Anschließend werden in den Versorgungsbereichen der Lastkarte die notwendigen Ringe und Stränge zur Speisung der Stationen geplant und dargestellt. Außerdem wird die Notwendigkeit von Umspannwerken festgelegt sowie die geeigneten Standorte ermittelt.

Folgende Kriterien sind bei der Planung des Ziel-Netzes zu beachten:

- einfacher Netzaufbau,
- einfacher Netzbetrieb,
- $(n-1)$-Kriterium,
- Anpassungsfähigkeit des Netzes an die Belastungsentwicklung,
- Hohe Wirtschaftlichkeit bei den notwendigen Maßnahmen.

Für das geplante Ziel-Netz ergeben sich im Wesentlichen folgende Netzstrukturen:

- Ringnetz
  Das Ringnetz besteht aus Kabelsträngen, die mit beiden Enden am gleichen Einspeisepunkt (UW oder Einspeisestation) angeschlossen sind. Sie werden meist in einer Station nahe der lastmäßigen Mitte offen betrieben (offene Ringe).
- Strangnetz (Netz mit Gegenstation)
  Beim Strangnetz werden die von der Einspeisestelle abgehenden Kabelstränge an ihrem Gegenende in einer Schaltanlage (Gegenstation) zusammengeführt.
- Anzahl der Stationen pro Strang
  Für das Ziel-Netz sollten etwa 15 (MS/NS-)Netzstationen pro (MS-)Strang berücksichtigt werden.

Planung der notwendigen Maßnahmen

Im nächsten Schritt werden das Ist-Netz und das Ziel-Netz gegenübergestellt und die notwendigen Maßnahmen, um das Ist-Netz in das Ziel-Netz zu überführen, festgelegt. Anschließend wird der zeitliche und praktische Ablauf der Maßnahmen bestimmt. Die dazu notwendigen Planungsarbeiten sind die folgenden:

- Selektierung der für das Ziel-Netz notwendigen Kabel und/oder Freileitungen, die bereits im Ist-Netz vorhanden sind (evtl. Verkabelung von Freileitungen),
- Planung der für das Ziel-Netz notwendigen Kabel und/oder Freileitungen, die im Ist-Netz nicht vorhanden sind,
- Bestimmung der für das Ziel-Netz obsolet gewordenen Schaltanlagen (Rückbaumaßnahmen für Anlagen),
- Gestaltung der für das Ziel-Netz erforderlichen neuen Schaltanlagen,
- Planung der für das Ziel-Netz notwendigen neuen Umspannwerke,
- Konzipierung des für das Ziel-Netz erforderlichen Netzschutzes,
- Festlegung der Erneuerungsmaßnahmen für Altanlagen, die für das Ziel-Netz erforderlich sind (ggf. Neugestaltung der Anlagen notwendig).

Für das geplante Ziel-Netz kann die Errichtung von Schaltanlagen bzw. Umspannwerken notwendig werden. Bei der Planung der Schaltanlagen ist zu berücksichtigen, dass die Schaltanlagen-Gestaltung vom Netzaufbau diktiert wird:

- für reine Ringnetze: Einfachsammelschienen-Anlage mit Längskupplung,
- für Strangnetze: Doppelsammelschienen-Anlage.

Auch die Konzipierung bzw. Aktualisierung des Netzschutzes werden vom Netzaufbau und Netzbetrieb bestimmt.

Die Planung der Ausbaustufen wird vorgegeben durch:

- die Belastungsentwicklung,
- den Zustand der Betriebsmittel und Anlagen,
- das Alter der Betriebsmittel und Anlagen,
- die Infrastrukturmaßnahmen (z. B. Tiefbauarbeiten),
- die Prioritäten des EVU.

Die genaue Ausarbeitung der entsprechenden Ausbaustufen erfolgt in einer Detailplanung.

3.2.4 Netzberechnungen

Seit Beginn der Netzplanung spielen Netzberechnungen eine maßgebende Rolle. Diese bestand früher aus analytischer Handrechnung und Abschätzung. Heutzutage kommen dafür rechnergestützte Netzberechnungsprogramme mit lageähnlicher und schematischer Visualisierungsmöglichkeit der Netze zum Einsatz. Die mathematischen Grundlagen und die Algorithmen der modernen numerischen Netzberechnung werden in der vorhandenen Literatur ausführlich dargestellt /3.10/, /3.11/, /3.12/. Das Ziel der Verfasser dieses Buches ist eine kritische Betrachtung der vorhandenen Netzstrukturen losgelöst von der Strenge der Netzberechnung und die kreative Gestaltung einer möglichst optimalen Netzarchitektur. Netzberechnungen sollen lediglich der Verifizierung und gegebenenfalls der Nachkorrektur der Netzarchitektur dienen. Netzberechnungen werden in diesem Buch daher hinsichtlich ihrer Zielstellung und ihrem Ergebnis behandelt. Das Handwerkszeug dazu wird als bekannt vorausgesetzt.

Grundsätzlich sind alle Netzveränderungen und insbesondere das geplante Ziel-Netz mittels Netzberechnungen zu untersuchen und zu verifizieren. Das heißt, für das Ziel-Netz und für jede Ausbaustufe sowie größere Provisorien sind entsprechende Datensätze zu erstellen und Lastfluss- und Kurzschlussberechnungen sowie Netzschutzüberprüfungen durchzuführen. Durch Ausfallrechnungen werden auch die Einhaltung der gewünschten Versorgungszuverlässigkeit, wie beispielsweise der $(n-1)$-Sicherheit, und die Grenzwerte des Netzbetriebes, wie beispielsweise zulässige Strombelastbarkeiten oder Spannungsbänder, überprüft.

Zur Überprüfung der Anregung und Selektivität des Netzschutzes kommen heutzutage vermehrt neue Werkzeuge zur automatisierten Netzschutzüberprüfung zur Anwendung /3.13/, /3.14/. Dies erspart insbesondere bei der Bearbeitung größerer Netzbereiche und Schutzsysteme mit mehreren Planungsvarianten, Ausfallszenarien sowie zahlreichen Einspeisesituationen von REA viel Zeit und erleichtert so die Arbeit erheblich. Neue, besonders effiziente Simulations- und Analysemöglichkeiten decken selbst versteckte Fehler in der Schutzkoordination zuverlässig auf. Turnusmäßige Überprüfungen der Schutzeinstellungen leisten einen entscheidenden Beitrag zu mehr Versorgungszuverlässigkeit und werden zunehmend von den Regulierungsbehörden gem. Energiewirtschaftsgesetz-EnWG §13 „Systemverantwortung der Netzbetreiber" vorgeschrieben.

3.3 Planung der Einspeisenetze

Bei der Planung der REA-Einspeisenetze ist eine genaue Betrachtung der geographischen Lage einzelner REA-Gebiete nötig, um geeignete Einspeisenetze zu formen und später in das EVU-Netz einzubinden. Dazu ist eine Festlegung dieser Gebiete notwendig. Dies geschieht sowohl durch kommunale Planung als auch Regionalplanung, die bestimmte Flächen dafür ausweist. Diese Flächen müssen in einem lageorientierten Plan zusammen mit dem Energieversorgungsnetz in Relation gesetzt werden. Dabei sind auch Ausbaustufen der REA-Gebiete notwendig, um auch eine längerfristig optimale Planung zu realisieren.

3.3.1 Einspeisesituation

Zur Planung der REA-Einspeisenetze sind allen voran die Standorte und die installierte Leistung der jeweiligen REA festzulegen. Oft sind darüber keine genauen Angaben vorhanden. So muss aufgrund vorliegender Anträge auf REA-Anschluss und möglichen Freiflächen, die für die Nutzung regenerativer Energieformen vorgesehen sind, der Standort und die installierte Leistung ermittelt werden. Nach Festlegung der REA-Gebiete und der installierten Leistungen, folgt der Zusammenschluss geographisch nahe gelegener REA-Gebiete zu sogenannten Clustern. Die Größe dieser Cluster hängt in erster Linie von der geographischen Lage der Anlagen ab.

Die folgenden Informationen sind am Beispiel einer Windkraftanlage (WKA) zur Durchführung dieses Arbeitsschrittes so genau wie möglich zu erarbeiten.

Windkraftanlagen (WKA)

- Lage und Leistung der
  vorhandenen,
  geplanten und
  angedachten
  WKA sind zur Verfügung zu stellen,
- Geplantes oder angedachtes Repowering der vorhandenen WKAs,
- Falls die Daten der zukünftigen WKA nicht vorliegen, sind Abschätzungen nötig,
- Flächennutzugspläne (Regionalplan Windkraft),
- Generator-Datenblätter, Typ-Datenblatt (2,3 oder 3,2 MW; 690 V, 10 kV, 20 kV, 30 kV).

Mit Hilfe dieser Daten lässt sich für die betrachtete Region eine Einspeisekarte erstellen. Anhand dieser Einspeisekarte wird klar, welche REA-Gebiete zu einem Cluster zusammengeschlossen werden können. Im nächsten Schritt müssen die erwarteten Einspeiseleistungen für die jeweiligen Cluster festgelegt werden. Dabei sind folgende Planungsansätze zu berücksichtigen:

- Einspeiseleistung kleiner als 5 MW sollte der direkte Anschluss an das Energieversorgungsnetz geprüft werden. Falls das EVU-Ziel-Netz die entsprechenden Reserven an dieser Stelle besitzt, ist der Netzanschluss dort zu planen.
- bei Einspeiseleistungen zwischen 5 und 25 MW wird ein Netzanschluss an eines der nahe gelegenen HS/MS-Umspannwerke nötig, dazu muss ein Einspeisenetz geplant werden.
- Einspeiseleistungen größer 25 MW erfordern die Planung eines Einspeisenetzes sowie die Errichtung eines neuen Umspannwerkes, um in das überlagerte Hochspannungsnetz einspeisen zu können.

Daraus folgt, dass je nach installierter Leistung der Einspeisung verschiedene Möglichkeiten bestehen, einen Netzanschluss zu planen. Das Ziel muss aber immer sein, möglichst viele einzelne Anlagen sowie zukünftige neue Standorte zu einem großen Einspeisenetz zusammenzuschließen, um den Ansprüchen an eine größtmögliche Wirtschaftlichkeit gerecht zu werden.

3.3.2 Möglichkeiten des direkten Netzanschlusses

Sollen einige wenige Einzelanlagen mit geringer installierter Leistung eingebunden werden und zeigt das EVU-Ziel-Netz (und nicht das Ist-Netz) genügend Übertragungskapazitäten, ist eine direkte Einbindung der Einzelanlage möglich. Dazu sind die folgenden drei Arbeitsschritte nötig:

- Gemeinsame Darstellung des Ziel-Netzes und der REA,
- Planung der Einbindung in das EVU-Ziel-Netz,
- Netzberechnungen.

Der erste Schritt ist das Ziel-Netz mit den REA in einem lageorientierten Plan zusammenzuführen. Wichtige Informationen der REA sollten dort mit vermerkt sein, um einen technisch und wirtschaftlich optimalen Anschlusspunkt zu finden.

Anschließend werden die möglichen Anschlussvarianten und -punkte ausgearbeitet. Bei der Planung der Einbindung in das EVU-Ziel-Netz werden diese miteinander verglichen. Dabei sind folgende Varianten der Anbindung denkbar:

- Kabelstich bis zum Ring oder Strang,
- Einschleifung in bestehende Ringe oder Stränge,
- Kabelstich bis zur Schaltanlage (Schalthaus),
- Anschluss mittels eines direkten Kabels an die Schaltanlage des Umspannwerks bzw. der Sammelschiene.

Die ausgewählten Anschlussvarianten sind mit entsprechenden Netzberechnungen zu verifizieren, damit die Versorgungzuverlässigkeit des Energieversorgungsnetzes nicht beeinträchtigt wird und die Grenzwerte des Netzbetriebes nicht verletzt werden.

3.3.3 Gestaltung der Einspeisenetze

Die wesentliche Vorgabe bei der Planung von REA-Einspeisenetzen ist die Wirtschaftlichkeit. Bei der Planung ist größtenteils das $(n-0)$-Kriterium relevant sowie ein mittelfristiger Planungshorizont. Es werden mehrere Varianten ausgearbeitet. Die geeignetste Variante wird durch Gegenüberstellung der technischen, betrieblichen und wirtschaftlichen Eigenschaften bestimmt. Bei der Planung von Einspeisenetzen sollte berücksichtigt

3.3 Planung der Einspeisenetze

werden, dass die getroffenen Entscheidungen zur Netzkonzeption und Netzbemessung in den nachfolgenden Ausbaustufen nur bedingt korrigiert werden können.

Die Planung von REA-Einspeisenetzen besteht aus folgenden Arbeitsschritten:

- Wahl der wirtschaftlichen Netzspannung,
- Planen der geeigneten Netzstrukturen,
- Auswahl und Auslegung der Betriebsmittel,
- Schaltanlagengestaltung und Schutzkonzeption,
- Berücksichtigen von Umweltschutzbedingungen.

Die unterschiedlichen Distanzen zwischen den REA und Umspannwerken einerseits und unterschiedliche Leistungen andererseits erfordern die Betrachtung nicht nur der bereits in den vorhandenen EVU-Netzen eingesetzten Nennspannungen. Die richtige **Spannungswahl** ist somit ein wesentlicher Beitrag zur Wirtschaftlichkeit der Einspeisenetze eines REA-Gebietes oder REA-Clusters /3.5/, /3.15/.

Die für die Netze zur Auswahl stehenden Nennspannungen sind in der Norm DIN IEC 60038 (bzw. IEC 60038 2009-06) festgelegt /3.1/. Bei der Planung der REA-Einspeisenetze können somit folgende Spannungsebenen berücksichtigt werden:

- 10(11) kV, 20 kV, 30(33) kV, 66(65) kV und 110(132) kV.

Die verschiedenen Spannungsebenen lassen sich aufgrund ihrer Übertragungsfähigkeit hin unterscheiden, da sich bei gleichbleibendem Leiterquerschnitt unterschiedliche Leistungen übertragen lassen:

10(11)-kV-Anschlussnetz
Die begrenzte Übertragungsfähigkeit der 10(11)-kV-Netze lässt lediglich den Anschluss von kleineren REA zu. Angedachter Anschlusspunkt ist mittels Netzberechnungen zu untersuchen.

20-kV-Anschlussnetz
Der Anschluss einzelner REA mit Leistungen kleiner 5 MW ist direkt an das 20-kV-Netz möglich.

Der Anschluss mehrere REA mit einer Summenleistung größer 5 MW erfordert die 20-kV-Kabelverlegung bis zur nächstliegenden Schaltanlage (Schalthaus) oder 110/20-kV-Umspannwerk.

30(33)-kV-Anschlussnetz
Die 10-kV- und 20-kV-Netze sind für den Energietransport von größeren Leistungen nicht geeignet. Für den Anschluss von REA-Einspeisenetzen mit Leistungen größer 25 MW (bis etwa 70 MW) sollte die 30(33)-kV-Spannungsebene mit berücksichtigt werden.

Für Windparks größer 25 MW werden beispielsweise 30(33)-kV-Netze geplant. Diese werden über 33-kV-Kabel oder Freileitungen mit dem nächst liegenden Umspannwerk oder 110-kV-Freileitung verbunden. Im Umspannwerk oder unter der 110-kV-Freileitung wird für die notwendige Umspannung ein 110/33-kV-Transformator aufgestellt.

Für die Ermittlung des wirtschaftlichsten Netzkonzeptes empfiehlt es sich einige kreative Varianten mit unterschiedlichen Spannungsebenen zu erarbeiten und gegenüberzustellen. Wesentliche Voraussetzung ist die vergleichbare Leistungsfähigkeit der Varianten über den gesamten Planungszeitraum.

Der nächste Schritt nach der Wahl der Spannungsebene ist die Ausgestaltung der Netzstruktur, hierbei sind verschiedene Strukturen denkbar, die folgende drei Kriterien erfüllen:

- $(n-0)$-Kriterium,
- Einfacher Netzaufbau,
- Hohe Wirtschaftlichkeit.

Die Berücksichtigung der genannten Kriterien führt zu nachfolgend beschriebenen Netzstrukturen:

10(11)-kV-Anschlussnetz
Die Errichtung eines neuen Netzes mit einer 10(11)-kV-Spannungsebene wird nicht empfohlen.

20-kV-Anschlussnetz
Zum Aufbau von Netzen für REA mit der Spannungsebene 20 kV können folgende Strukturen – vgl. Abb. 3.4 und 3.5 – berücksichtigt werden (Voraussetzung: Standort des Umspannwerks oder Freileitung sind vorgegeben):

- Struktur 1: Ein-Strang-Netz,
- Struktur 2: Zwei-Strang-Netz.

30(33)-kV-Anschlussnetz
Für die Planung der Struktur des Anschlussnetzes sind zwei Alternativen denkbar:

1. Der Standort des 110-kV/MS-Umspannwerks ist vorgegeben.
2. Der Standort des 110-kV/MS-Umspannwerks ist frei wählbar.

3.3 Planung der Einspeisenetze

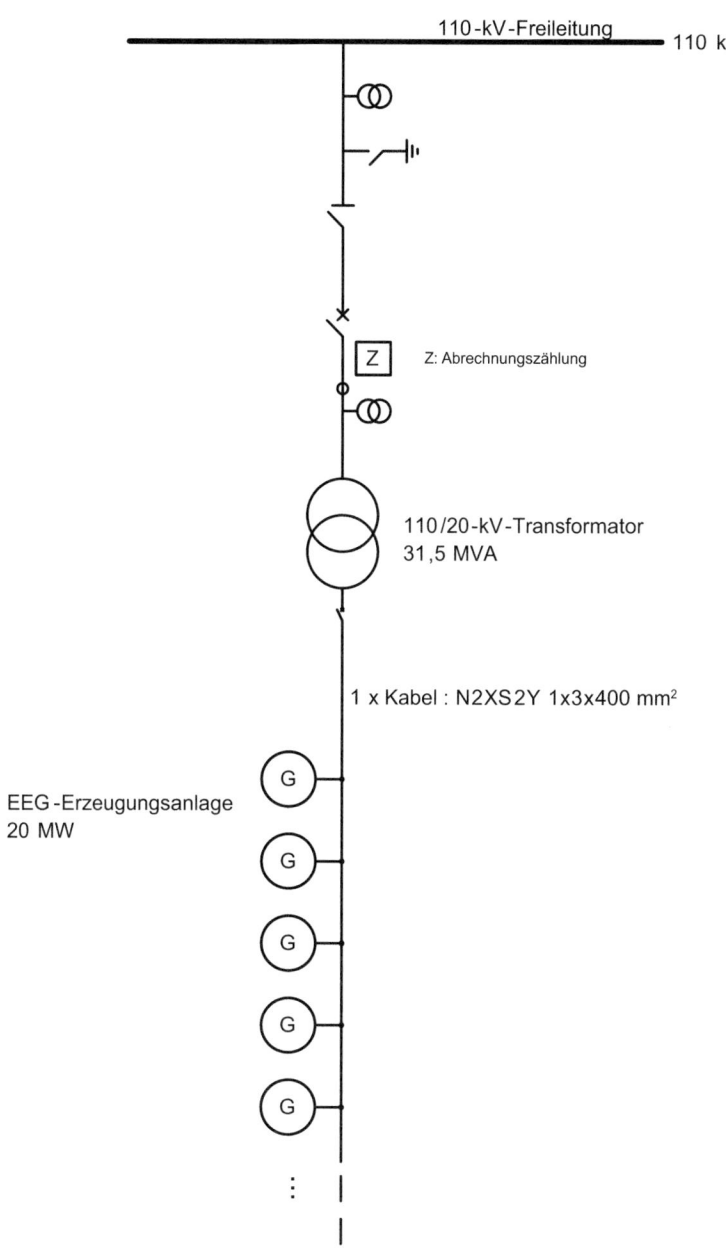

Abb. 3.4 Ein-Strang-Netz 20-kV

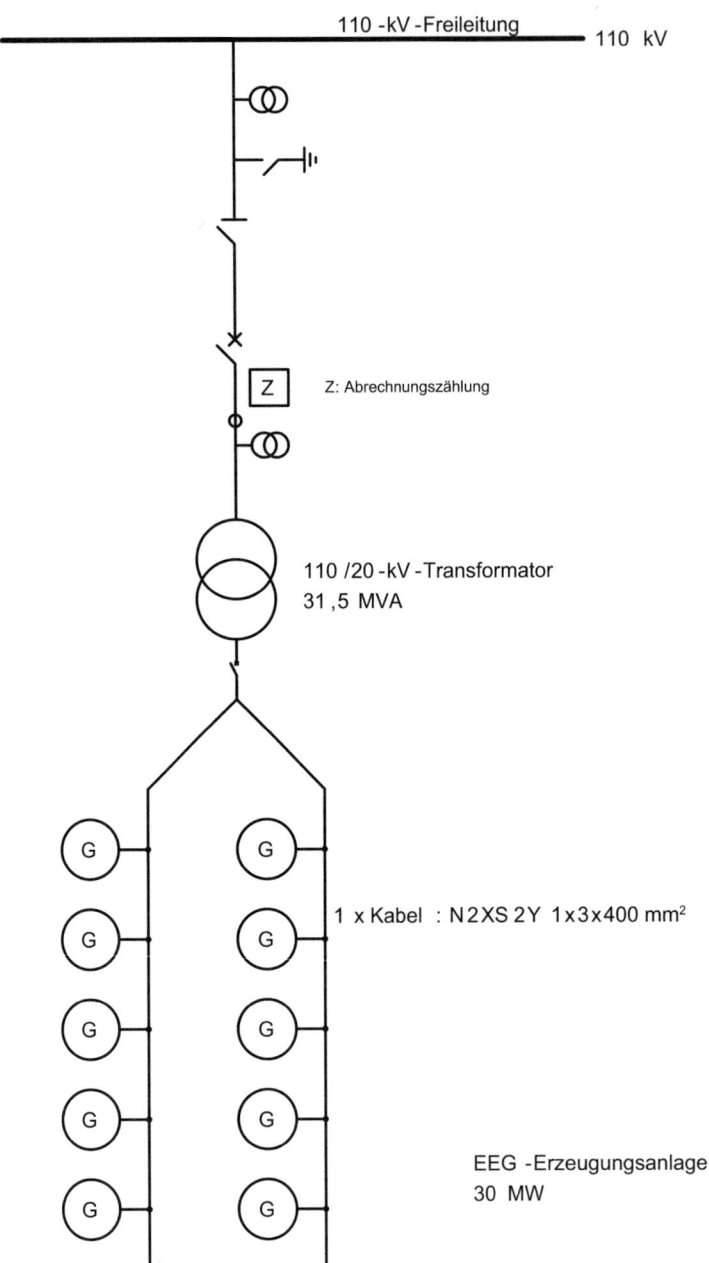

Abb. 3.5 Zwei-Strang-Netz 20-kV

3.3 Planung der Einspeisenetze

Zunächst werden die Strukturen für ein Anschlussnetz mit einem vorgegebenen Standort des Umspannwerks dargestellt (vgl. Abb. 3.6 und 3.7):

- Struktur 1: Ein-Strang-Netz,
- Struktur 2: Zwei- und Drei-Strang-Netz.

Bei der Planung eines frei wählbaren UW-Standortes werden folgende Strukturen (vgl. Abb. 3.8 und 3.9) vorgeschlagen:

- Struktur 1: Umspannwerk im Zentrum, wenn nur eine Ausbaustufe vorgegeben ist,
- Struktur 2: Umspannwerk im zukünftigen Zentrum bei mehreren Ausbaustufen.

Bei der Wahl der geeigneten Schaltanlagengestaltung sind die gleichen Kriterien zu berücksichtigen, wie bei der Auswahl der Netzstruktur. Der Schaltanlagengestaltung ist somit das $(n-0)$-Kriterium zugrunde zu legen. Hierzu werden verschiedene Varianten betrachtet. Beispielhaft sind drei dieser Varianten in den nächsten Abb. 3.10, 3.11 und 3.12 beschrieben.

- Variante 1: Stränge werden über einen Leistungsschalter angeschlossen.
  Eigenschaften: ein Kabelfehler oder der Störfall des 33-kV-Leistungsschalters oder des 110/33-kV-Transformators führt zum Ausfall des gesamten Netzes.
- Variante 2: mit mehreren Transformatoren niedrigerer Nennleistung.
  Eigenschaften: ein Kabelfehler oder der Störfall des 33-kV-Leistungsschalters oder des 110/33-kV-Transformators führt zum Ausfall der Hälfte des Windparks.
- Variante 3: Jeder Strang mittels eigenem Leistungsschalter angeschlossen.
  Eigenschaften: ein Kabelfehler führt zum Ausfall eines Stranges.

Diese Varianten unterscheiden sich grundlegend in der Zuverlässigkeit der Einspeisung. Je nachdem wie zuverlässig die REA-Einspeisung der Anlage sein soll, muss der Anlagenbetreiber für die Anschlussanlage auch höhere Investitionen in Kauf nehmen. In der Zukunft ist damit zu rechnen, dass sich Einspeisenetze, die bei einem Fehler innerhalb des REA-Einspeisenetzes den schlagartigen Wegfall der gesamten Einspeiseleistung verhindern und teilweise am Netz bleiben, zu wirtschaftlichen Vorteilen führen.

Hinsichtlich der Sternpunktbehandlung innerhalb der REA-Einspeisenetze ist wegen der galvanischen Trennung vom bestehenden EVU-Netz keine Einschränkung zu machen. Hinsichtlich Versorgungszuverlässigkeit und $(n-0)$-Sicherheit der Einspeisenetze ist der isolierte oder gelöschte Betrieb zu bevorzugen, da keine unmittelbare Abschaltung eines einpoligen Fehlers erfolgen muss und so die Anlage mehrere Stunden trotz Fehler weiterbetrieben werden kann.

Für den Entwurf der Schutzkonzeption von Einspeisenetzen sind die vorhandenen Einspeisungen relevant, die auch während eines Netzfehlers am Netz bleiben und zum Fehlerstrom beitragen. Der größte Fehlerstrombeitrag ist derzeit noch vom angeschlossenen

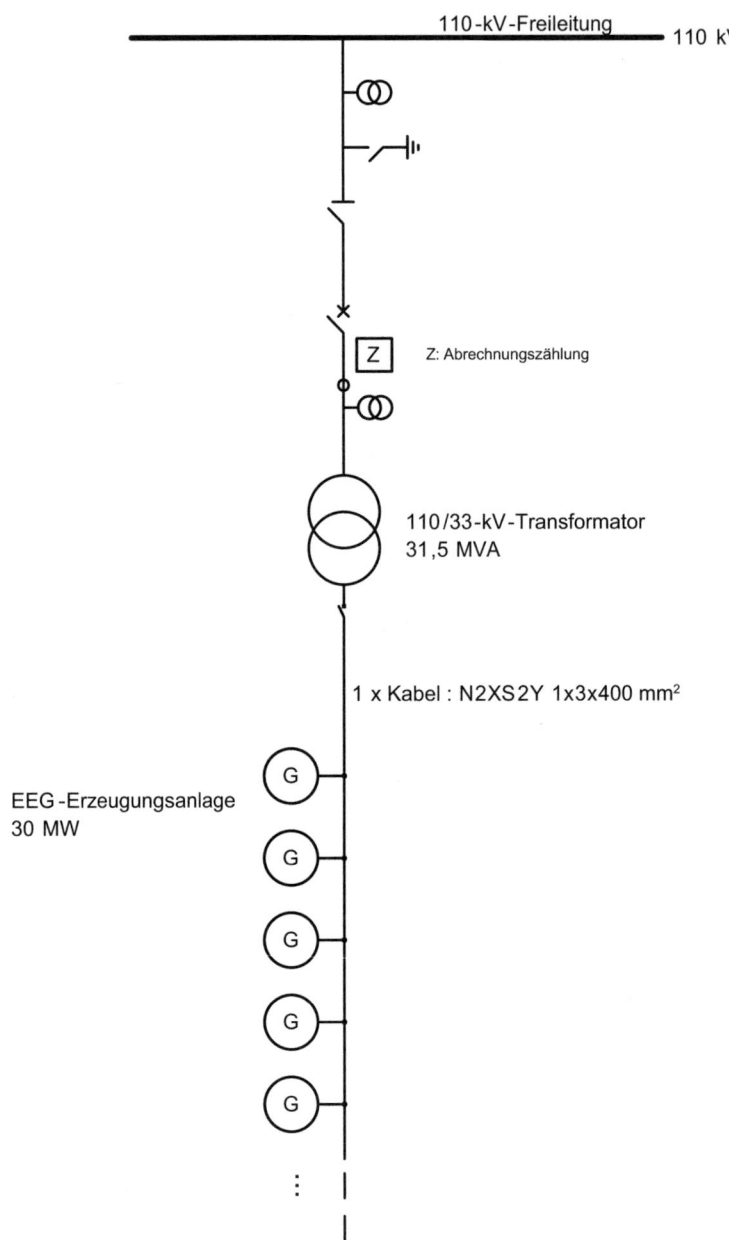

Abb. 3.6 Ein-Strang-Netz 33-kV

3.3 Planung der Einspeisenetze

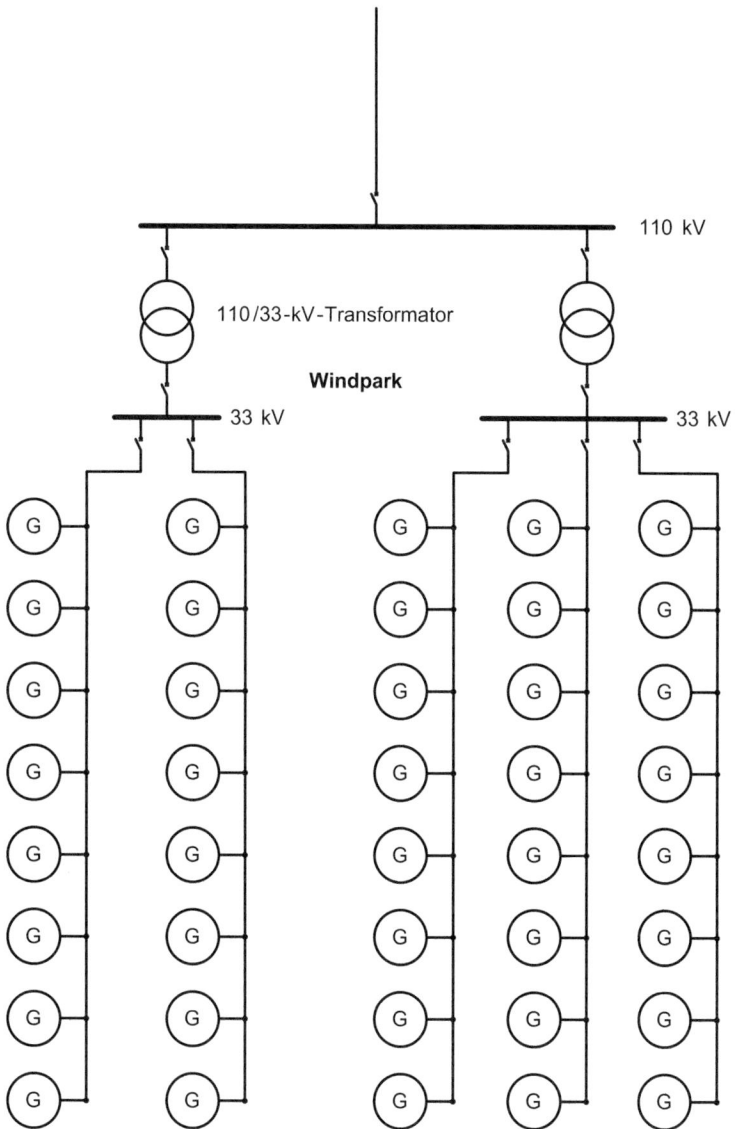

Abb. 3.7 Zwei- und Drei-Strang-Netz 33-kV

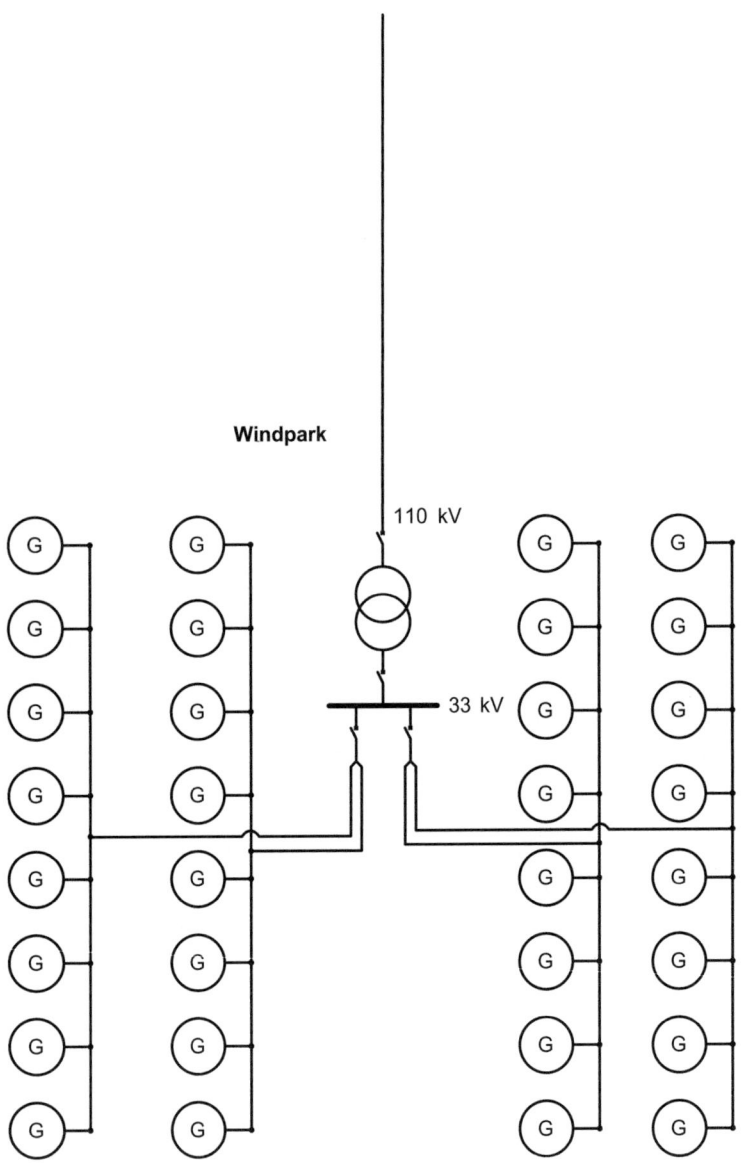

Abb. 3.8 Umspannwerk-Standort frei wählbar eine Ausbaustufe

3.3 Planung der Einspeisenetze

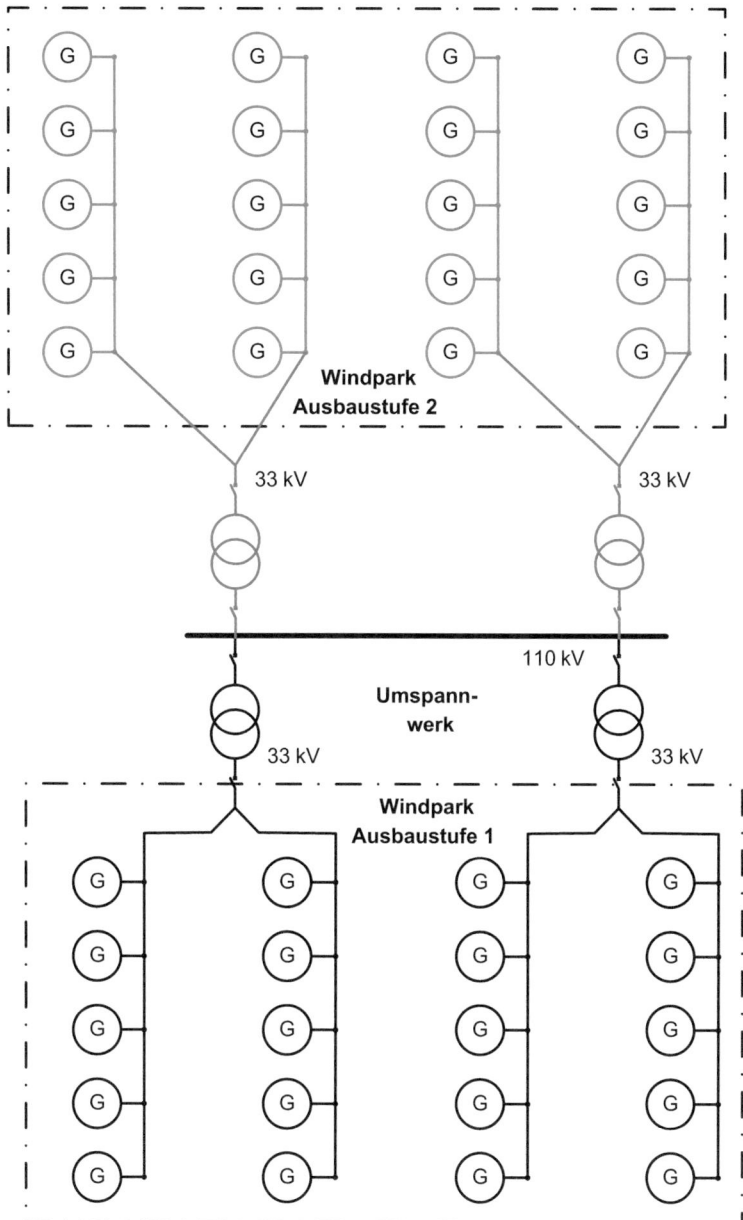

Abb. 3.9 Umspannwerk-Standort frei wählbar mit Ausbaustufen

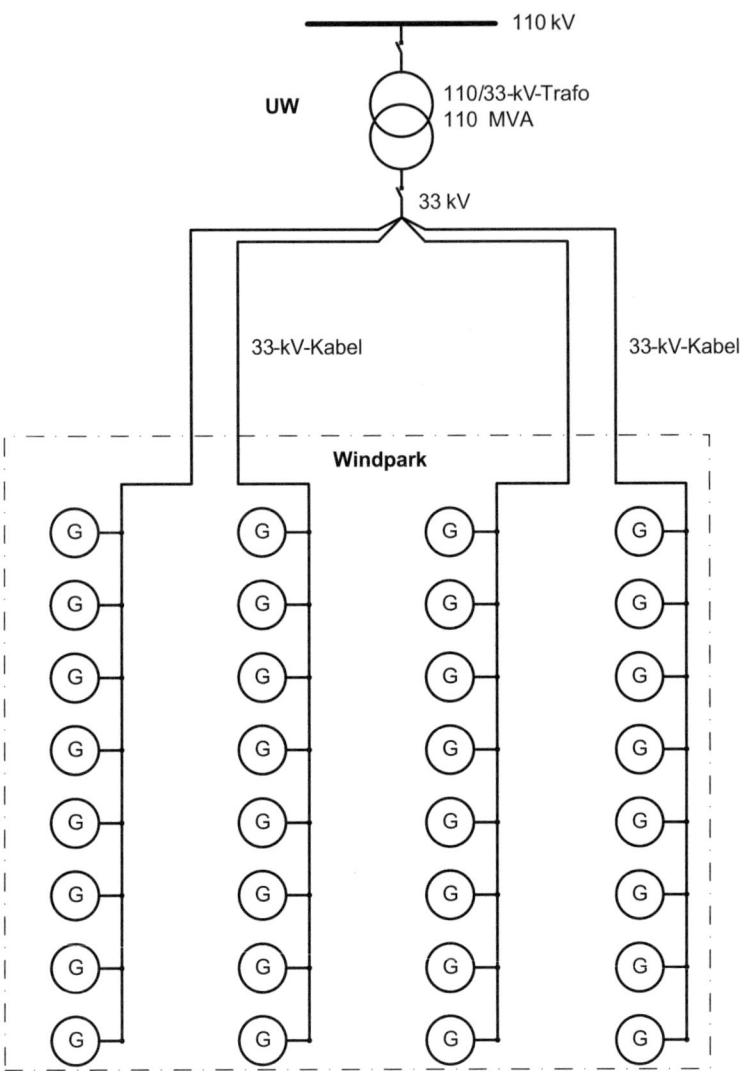

Abb. 3.10 Schaltanlagen Variante 1

UW zu erwarten. Geht die Kurzschlussleistung im EVU-Netz zurück, ist auch von dort mit einem geringeren Fehlerstrombeitrag zu rechnen. Bei älteren REA ist von einer Netztrennung im Falle eines Netzfehlers auszugehen und von einem vollständigen Ausbleiben eines Fehlerstrombeitrages. Bei neueren REA ist ein sogenanntes *Fault-Ride-Through*-Verhalten üblich. Über eine, beispielsweise im Grid Code des Netzbetreibers, festgelegte spannungs- oder frequenzabhängige Kennlinie wird während des Fehlers ein Beitrag

3.3 Planung der Einspeisenetze

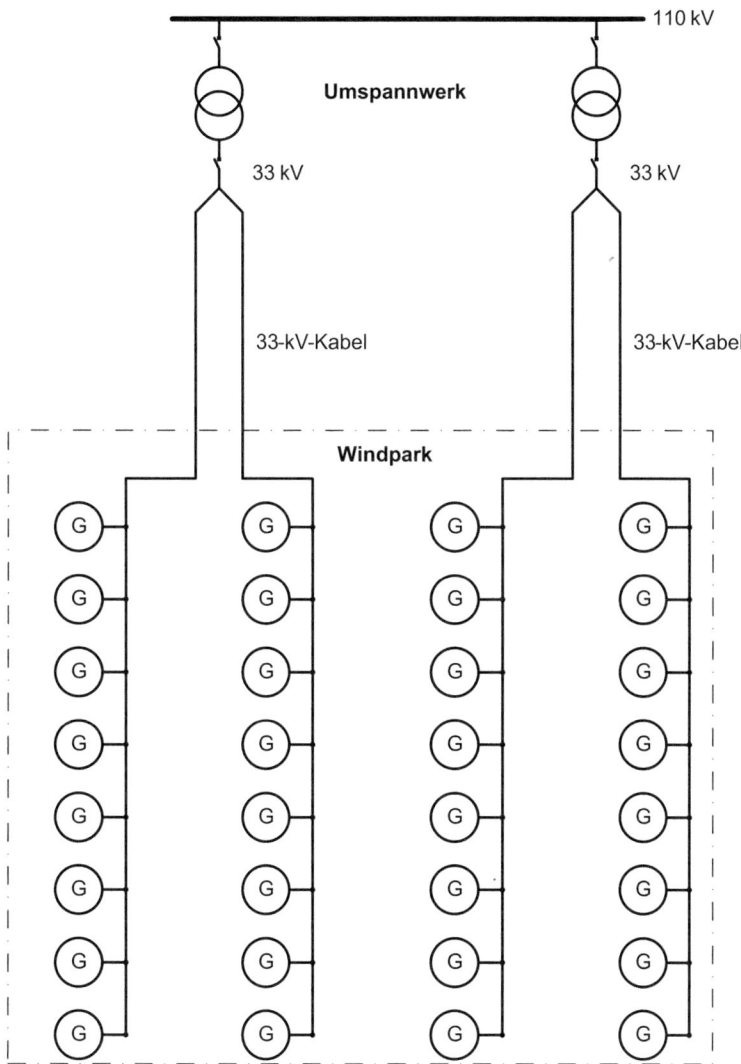

Abb. 3.11 Schaltanlagen Variante 2

zum Fehlerstrom innerhalb der Bemessungsgrenzen des REA-Umrichters geleistet /3.16/. Dies kann Zwischeneinspeisungen in der Fehlerschleife hervorrufen, die die Fehlerstrombeiträge im Hauptstrompfad stark erniedrigen, das sogenannte *blinding*-Phänomen. Daher müssen die Schutzanregebedingungen von Fall zu Fall überprüft und gegebenenfalls mit kreativem Verstand angepasst werden. Ist eine Anregung über den Strom nicht möglich, muss über die Leiterspannung oder auf Basis einer kombinierten Spannungs- und Strom-

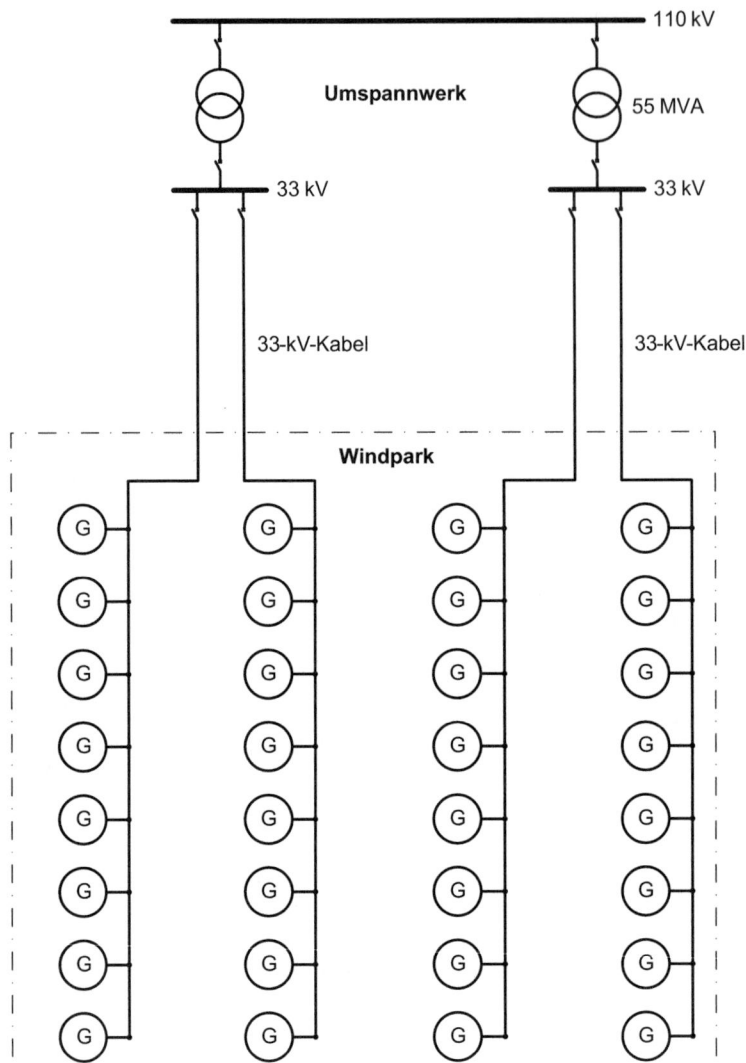

Abb. 3.12 Schaltanlagen Variante 3

anregung (U-I-Anregung) oder gegebenenfalls auch unter Einbeziehung des Winkels (U-I-phi-Anregung) ein Fehler erkannt werden. Eine Impedanzanregung basiert auf der Messung der Fehlerschleifenimpedanz und ist so weitgehend von der Größe der dem Schutzrelais vorgelagerten Kurzschlussimpedanz unabhängig. Im Falle von unsymmetrischen Fehlern ist auch an eine Anregung über die Modalkomponenten der Leiterspannungen und – ströme zu denken. Andererseits gewinnt mit geringer werdendem Kurzschlussstrom eine genaue Fehlerortung zunehmend an Bedeutung.

Im Fehlerfall ist der Stromfluss in Einspeisenetzen bidirektional. Dies kann zu unselektiven Abschaltungen aufgrund des sogenannten *sympathetic tripping*-Phänomens führen. Für eine selektive Fehlerklärung ist daher eine Richtungsbestimmung des Fehlerortes, insbesondere in den Überstromzeitschutz-Geräten, notwendig. Dies erfordert zusätzlich zu den ohnehin notwendigen Stromwandlern auch Spannungswandler in den Schaltanlagen des Einspeisenetzes. Wird Distanzschutz eingesetzt, ist vorzugsweise eine kombinierte Spannungs- und Stromanregung oder eine Impedanzanregung anzuwenden. Differentialschutz bietet prinzipiell das höchste Maß an Selektivität und Empfindlichkeit, ist jedoch oft wirtschaftlich die aufwendigste Lösung. Für den Sammelschienenschutz bieten sich daher Lösungen auf Basis eines gerichteten Überstromzeitschutzes in den Abgängen mit rückwärtiger Verriegelungslogik an. Zur Überprüfung der Anregung und Selektivität des Netzschutzes in Einspeisenetzen wird nicht zuletzt aufgrund der hohen Vielfalt an Fehlerszenarien und Komplexität der Einspeiseverhältnisse die Anwendung von Werkzeugen zur automatisierten Netzschutzüberprüfung empfohlen /3.13/, /3.14/.

Eine nachhaltige Planung, Umsetzung und Betrieb von REA kann an sich als Beitrag zum Umweltschutz betrachtet werden. Innerhalb des Systems können weitere Umweltschutzmaßnahmen generiert werden. Beispielsweise ist der Einsatz von Kabeln statt Freileitungen zu bevorzugen. Die erhöhten Kosten können sich durch eine geringere Sichtbarkeit und damit öffentliche Akzeptanz sowie eine bessere elektromagnetische Verträglichkeit rechtfertigen. Zudem wäre hier im Falle der Nutzung der Windenergie der Einsatz von geräuscharmen WKA, insbesondere beim Repowering, sowie die Einhaltung von ausreichenden Abständen zu besiedelten Gebieten zu nennen.

3.3.4 Netzberechnungen

Netzberechnungen in Einspeisenetzen erfordern zunächst eine geeignete Modellierung der REA. Mit Lastfluss- und Kurzschlussstromberechnungen für den Normalbetrieb und für Stör- und Ausfallszenarien sind die geplanten Einspeisenetze zu verifizieren. Insbesondere auf Spannungsabstiege und -anstiege innerhalb des Einspeisenetzes und in Richtung Anschlusspunkt ist zu achten.

3.4 EVU/REA-Anschluss- und Ausbauplanung

Nach der Planung der Netze

- EVU-Ziel-Netz und
- REA-Einspeisenetz.

werden diese im Rahmen eines weiteren Planungsschrittes miteinander verbunden. Falls die zu übertragende Gesamtleistung von dem vorhandenen EVU-Ziel-Netz nicht aufgenommen werden kann, muss für dieses eine Ausbauplanung gemacht werden. Folgende Arbeitsschritte sind durchzuführen:

- EVU/REA-Anschlussplanung,
- EVU/REA-Ausbauplanung,
- Netzberechnung.

3.4.1 EVU/REA-Anschlussplanung

Die Erfahrung aus den bisherigen Anschlussplanungen zeigt, dass der örtlich nächste Anschlusspunkt nicht zwangsläufig auch der wirtschaftlichste Punkt ist, da die weiteren Ausbaustufen und die zukünftige Entwicklung mitberücksichtigt werden muss. Eigentumsgrenzen des Netzbetreibers dürfen hier gegebenenfalls nicht im Vordergrund stehen.

Die EVU/REA-Anschlussplanung erfordert die geographische Darstellung der beiden geplanten Netze:

- EVU-Ziel-Netz und
- REA-Einspeisenetz.

Anschließend werden die bereits vorhandenen Netzknotenpunkte (z. B. Umspannwerke usw.) als mögliche Anschlusspunkte betrachtet. Es folgt dann die Analyse des EVU-Netzes hinsichtlich der Übertragungsfähigkeit und Versorgungsqualität.

Bei einer Summenleistung kleiner 25 MW sollte zuerst ein Anschluss an eines der in der Nähe bestehenden HS/MS-Umspannwerke erfolgen. Dies erfordert meist eine Untersuchung der Belastungsgrenze der Transformatoren für den $(n-1)$-Fall. Falls die vorhandenen Schaltanlagen und/oder Umspannwerke über keine Reserven mehr verfügen, sollte ein partieller Netzausbau für den REA-Anschluss wie folgt geplant werden:

- Verlegung von MS-Kabeln für die Verbindung des REA-Einspeisenetzes mit dem Umspannwerk,
- Aufstellung eines HS/MS-Transformators im Umspannwerk unter Berücksichtigung des $(n-0)$-Kriteriums.

Es sollte weiterhin überprüft werden, ob ein größerer Zusammenschluss (Leistungssumme größer 25 MW) mit einem weiteren Gebiet möglich ist, um ein neues Umspannwerk zu planen.

Bei einer Einspeiseleistung größer 25 MW ist in der Regel ein neues Umspannwerk vorzusehen. Dieses sollte möglichst im zukünftigen Zentrum der Einspeiseanlagen stehen, um kurze Wege von den Einzelanlagen hin zum Umspannwerk zu gewährleisten. In der

3.4 EVU/REA-Anschluss- und Ausbauplanung

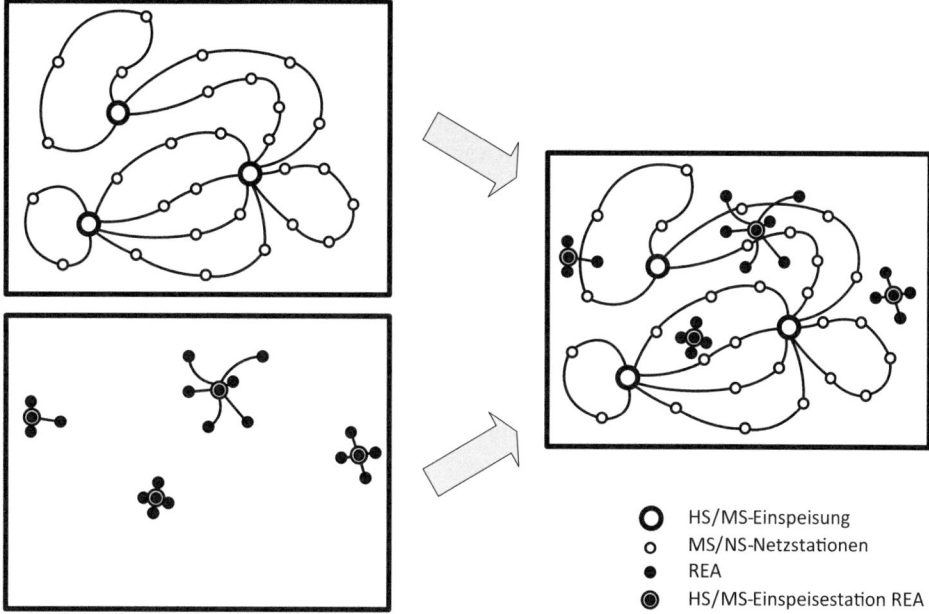

Abb. 3.13 Planungsschritt der EVU/REA-Anschlussplanung

Abb. 3.13 wurden zunächst beispielhaft das EVU-Netz (oben) und das REA-Netz (unten) getrennt dargestellt. Die gemeinsam übereinanderliegende Darstellung der beiden Netze (Mitte rechts) zeigt, dass aufgrund der erzeugten Leistung, kein Anschluss an das MS-Netz des EVU möglich ist. Die Zusammenführung der Netze erfordert somit die Betrachtung und Planung des überlagerten 110-kV-Netzes.

Im Idealfall verläuft eine Hochspannungstrasse nahe dem neu geplanten Umspannwerk vorbei und ein direkter Anschluss an dieses ist möglich. Dabei kann es auch sinnvoll sein, das Umspannwerk etwas in Richtung Hochspannungstrasse zu verlegen. Denn je kürzer die Verbindung des Umspannwerkes zur Hochspannungstrasse ist, desto kostengünstiger ist der Netzanschlusspunkt. Jedoch ist immer zu unterscheiden, ab welcher Entfernung eine Verlegung des Umspannwerkes wirtschaftlicher gegenüber einer neuen Hochspannungsverbindung ist, die dann meist als Kabelverbindung ausgeführt werden muss. Eine weitere Alternative ist, falls keine Hochspannungstrasse in der Nähe ist, die Realisierung einer Hochspannungsverbindung zum nächsten bestehenden Umspannwerk.

Das geplante Anschlusskonzept für die Zusammenführung der beiden Netzteile (EVU-Netz und REA-Einspeisenetz) soll folgende Kriterien erfüllen:

- Geringe Investitionskosten,
- Geringe Netzverlustkosten,
- Geringer Wartungsaufwan,
- Einfacher Betrieb,

- Hohe Versorgungszuverlässigkeit,
- Hohe Umweltverträglichkeit.

Die Planung der geeigneten Anschlusskonzepte erfordert unter Berücksichtigung der genannten Punkte das Ausarbeiten und Gegenüberstellen von Varianten. Die Standorte der Windkraftanlagen und die Ausbaustufen sowie Freileitungen und Kabel des EVU-Netzes (Ziel-Netzes) sind feste Größen, die sich mittels eines geographischen Plans in Relation bringen lassen. Maßgebend für die Ausarbeitung der Varianten sind die REA-Netzstrukturen und die REA selbst. Es werden mehrere Varianten mit unterschiedlichen Spannungsebenen und diversen Netzstrukturen ausgearbeitet. Dabei wird die Lage der Umspannwerke bzw. Hochspannungsleitungen mit berücksichtigt. Die ausgearbeiteten Varianten sollten die oben genannten Kriterien erfüllen. Die Gegenüberstellung der Eigenschaften der Netzvarianten zeigt das technisch und wirtschaftlich geeignetste Anschlusskonzept.

3.4.2 EVU/REA-Ausbauplanung

Da die installierte WKA-Leistung erhebliche Dimensionen erreichen kann und nennenswerter Leistungsbedarf in unmittelbarer Umgebung oft nicht vorhanden ist, muss diese Leistung über Hoch- und Höchstspannungsleitungen abtransportiert werden. Auch für die Hoch- und Höchstspannungsnetze sind, entsprechend ihrer Funktion der Energieübertragung, unterschiedliche Planungskriterien zu berücksichtigen:

- die Hoch- und Höchstspannungsnetze der EVU sind nach $(n-1)$-Kriterium zu gestalten,
- die Hoch- und Höchstspannungsleitungen für REA-Netze sind nach $(n-0)$-Kriterium zu planen.

Zur Veranschaulichung der genannten unterschiedlichen Netzplanungskriterien wurden in Abb. 3.14 folgende Netze dargestellt:

- Das obere Bild zeigt das EVU-Ziel-Netz und das REA-Anschlussnetz.
- Das untere Bild zeigt das geplante 110-kV-Netz (HS-Netz) für die Versorgung der HS/MS-Umspannwerke des EVU-Netzes und der HS/MS-Einspeisestationen REA.

Das geplante 110-kV-Netz (linkes unteres Bild) erfüllt

- das $(n-1)$-Kriterium, weil für die Versorgung der HS/MS-Umspannwerke ein 110-kV-Ring vorgesehen wurde,
- das $(n-0)$-Kriterium, weil für den Anschluss der HS/MS-Einspeisestationen REA 110-kV-Stiche vorgesehen wurden.

3.4 EVU/REA-Anschluss- und Ausbauplanung

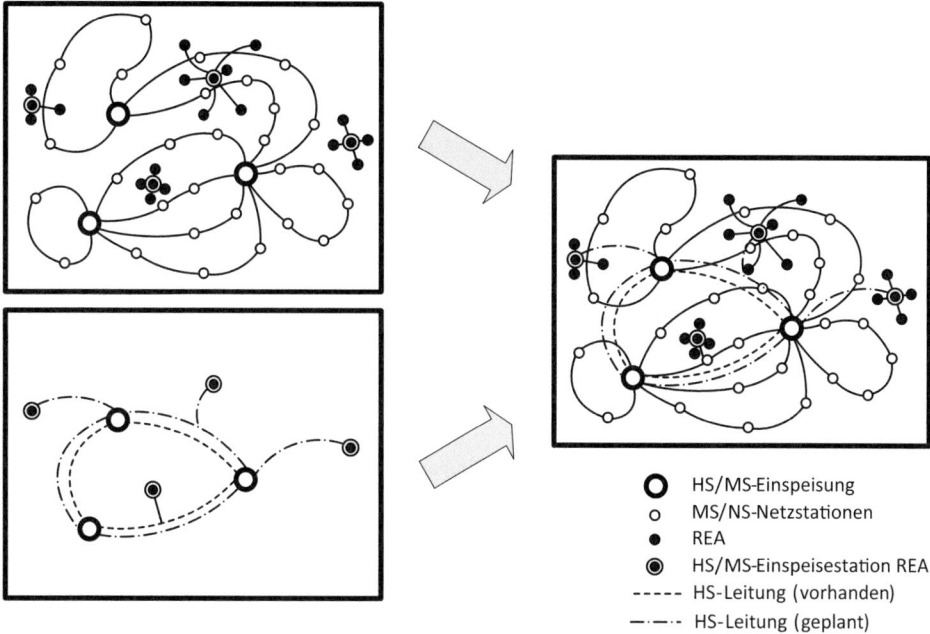

Abb. 3.14 Planungsschritt der EVU/REA-Ausbauplanung

Die installierte hohe WKA-Leistung erfordert den Ausbau des 110-kV-Netzes. Für die notwendige Verstärkung wurde die Verdoppelung des 110-kV-Ringes geplant. Das gesamte System, bestehend aus den MS-Netzen EVU und REA sowie dem HS-Netz, ist in der Abb. 3.14 (rechtes Bild) dargestellt.

In der Praxis können extrem hohe installierte WKA-Leistungen von bis zu 1000 MW genannt bzw. vorgegeben werden. Der Anschluss dieser erfordert, wie bereits vorgestellt, Standortwahl für HS/MS-Umspannwerke, Mittelspannungs-Netzplanungen für die WKA-Parks und Hochspannungs-Netzplanungen. Außerdem sind die Übertragungsfähigkeit der benachbarten relevanten Hochspannungsnetze zu analysieren und falls erforderlich, die notwendigen Höchstspannung/Hochspannung-Umspannwerke zu planen. Gegebenenfalls ist das überlagerte Höchstspannungsnetz mit in die Betrachtung einzubeziehen.

Für die Übertragung von hohen WKA-Leistungen ist der Einsatz von Höchstspannungsnetzen generell notwendig. Entsprechend der Planungen der EVU werden die noch vorhandenen 220-kV-Netze zukünftig durch 380-kV-Netze ersetzt. Für die Übertragung von hohen WKA-Leistungen können vorhandene 220-kV-Netze (Freileitungen, Transformatoren, Anlagen) herangezogen werden. Die 220-kV-Netze, die funktionsmäßig für die WKA-Leistungsübertragung vorgesehen sind, können dann auf Basis einer Dualen Netzplanung länger benutzt werden. Dies kann wirtschaftliche Vorteile eröffnen. Bei Erneuerungszwang für 220-kV-Anlagen zur Einhaltung der notwendigen Zuverlässigkeit

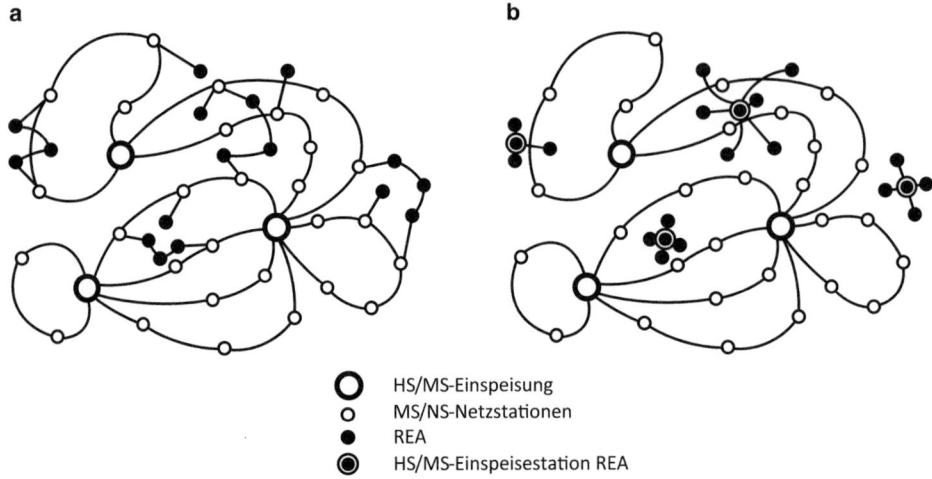

Abb. 3.15 a Operativer REA-Anschluss, b REA-Anschluss mit Dualer Planung

sollten gegebenenfalls 380-kV-Anlagen vorgesehen werden. Der Betrieb mit 220 kV kann jedoch weiter gehen.

Die duale Netzplanung stellt die notwendige Basis für die technische und wirtschaftliche Planung von Spannungsumstellungen, Ausbau- sowie Rückbaumaßnahmen in den EVU- und WKA-Netzen zur Verfügung.

Abschließend vergleicht Abb. 3.15 das Planungsergebnis aus Abb. 2.6b mit dem Ergebnis der Dualen Planungsmethodik. Es ist offensichtlich, dass die Duale Planungsmethodik zu einer wesentlich besseren und nachhaltigeren Netzstruktur für den Anschluss von REA führt.

3.4.3 Netzberechnungen

Die Ergebnisse der Netzplanung sind mit Hilfe von Netzberechnungen zu überprüfen und zu verifizieren. Dabei müssen die herangezogenen Mittel-, Hoch- und evtl. Höchstspannungsnetze berücksichtigt werden. Dies gilt sowohl für den Normalbetrieb als auch für Stör- und Ausfallszenarios im Energieversorgungsnetz. Die maximale Einspeiseleistung der REA-Netze darf für keinen Störfall im EVU-Netz zu Problemen oder Grenzwertüberschreitungen führen.

Literatur

/3.1/ H. Nagel, Systematische Netzplanung, VDE-verlag, 2008.
/3.2/ VDEW, Planung und Betrieb von städtischen Mittelspannungsnetzen, Frankfurt: VWEW-Verlag, 1991.
/3.3/ H. Kiank und F. Wolfgang, Planungsleitfaden für Energieverteilungsanlagen, Erlangen: Publicis Publishing, 2011.
/3.4/ L. Müller, Handbuch der Elektrizitätswirtschaft, Berlin: Springer, 2001.
/3.6/ M. Kiok, E. Rittmeyer und E. Petrossian, Spannungswahl und Netzgestaltung in einer Großstadt, Internationales Symposium, ETH, EWZ, Zürich 1992
/3.6/ E. Petrossian und D. Steiniker, Modernisierung der Stromversorgung von drei Autofabriken, „ew" Heft 9/2001, 2001
/3.7/ E. Petrossian, Th. Connor, E. Oehler und S. Scherer, Greenfield-Planung eines Versorgungsnetze, „ew" Heft 8/2005, 2005
/3.8/ E. Petrossian, Nicht nur für große Netze, EV Report, 1994
/3.9/ A. Rottonara und E. Petrossian, Il progetto Greenfield di Siemens, AETI, Milano 2006
/3.10/ B. Oswald, Netzberechnung, VDE-Verlag, Berlin und Offenbach, 1992
/3.11/ G. Balzer, D. Nelles, Ch. Tuttas, Kurzschlussstromberechnung nach VDE 0102, VDE-Verlag, Berlin und Offenbach, 2001
/3.12/ E. Handschin, Elektrische Energieübertragungssysteme, Hüthig Verlag Heidelberg, 1987
/3.13/ A. Nitschke, Ch. Blug und T. Bopp, Evaluierung des Netzschutzes eines Mittelspannungsverteilungsnetzes, „ew" Heft 1/2015, S. 48–51, 2015
/3.14/ T. Bopp und R. Krebs, Die Netzsicherheit stets im Blick – Optimierter Schutz für komplexe Energieversorgungsnetze, BWK Das Energie-Fachmagazin, Bd. 66 Nr. 4, 2014
/3.15/ E. Petrossian, M. Kiok und E. Rittmeyer, Restructuring of the High-Voltage System in a City effects on the 10 kV System Configuration and System Operation, IEE Confrence Publication No: 373, Birmingham 1993
/3.16/ Verband der Netzbetreiber VDN e. V. beim VDEW, TransmissionCode 2007 – Netz- und Systemregeln der deutschen Übertragungsnetzbetreiber, Berlin, 2007

4   Anwendung der Dualen Planungsmethodik

Im Folgenden werden Vorgehensweise und Ergebnisse der Dualen Planungsmethodik am Beispiel der Netzanbindung von Windkraftanlagen (WKA) im Modelllandkreis, auch unter Einbeziehung vorhandener und zukünftiger Photovoltaikanlagen, dargelegt.

Die Arbeitsschritte hierbei sind:

- Informationssammlung des Netzgebietes des Modelllandkreises,
- EVU-Netzanalyse und EVU-Netzplanung,
- Planung der WKA-Einspeisenetze,
- EVU/WKA-Anschluss-/Ausbauplanung.

4.1   Informationssammlung des Netzgebietes im Modelllandkreis

Das Gebiet des Modelllandkreises umfasst eine Gesamtfläche etwa $1300\,km^2$ (im Vergleich: Gesamtfläche Bayerns $70.551\,km^2$). Die Einwohnerzahl liegt bei etwa 130.000. Daraus lässt sich eine elektrische Last im Mittel von etwa 100 MW ableiten. Aufgrund der prognostizierten Bevölkerungsentwicklung gemäß dem Landesamt für „Statistik und Datenverarbeitung" kann bis 2021 von einer Stagnation der Bevölkerungsentwicklung in der Modellregion ausgegangen werden. Dies spiegelt sich auch im elektrischen Energieverbrauch wieder. 2009 betrug der Verbrauch etwa 686 GWh (im Vergleich: Stromverbrauch in Bayern 85.132 GWh). Davon entfielen 409 GWh auf Gewerbe, Industrie und Sonderabnehmer (582 Verbraucher) und der Rest von 276 GWh auf private Haushalte, Kleingewerbe und kommunale Liegenschaften (62.514 Verbraucher). Aufgrund der Stagnation in der Bevölkerungsentwicklung und der zu erwartenden Stromeinsparungsmaßnahmen wird auch hier eine fallende Tendenz prognostiziert. Lastgetriebene Netzausbaumaßnahmen sind in der Zukunft kaum zu erwarten.

4.1.1 Struktur der elektrischen Energieversorgung

Der Modelllandkreis ist in Abb. 4.2 mit dazugehörigem Hochspannungsnetz (110/220-kV-Netz) dargestellt. Die Elektrizitätsversorgung wird von drei Energieversorgungsunternehmen (EVU) getragen. In der Abb. 4.1 finden Sie die für die nachfolgenden Abbildungen einheitliche Legende, welche alle wichtigen Informationen beinhaltet.

Das Verteilungsnetz wird mit einer Spannung von 20 kV betrieben. Zum Energietransport werden sowohl Kabel als auch Freileitungen eingesetzt. Die Verteilungsnetzebene ist von einem 110-kV Netz überlagert und wird über fünf 110/20-kV-Umspannwerke versorgt (UW EVU1 nahe I-Dorf, UW EVU2 in L-Stadt, UW EVU3 zwischen A-Stadt und K-Dorf, UW EVU4 in F-Stadt und UW EVU6 in J-Dorf). Das 110-kV-Netz gliedert sich in 3 Trassen. Eine die sich von Ost nach West durch das Versorgungsgebiet erstreckt und

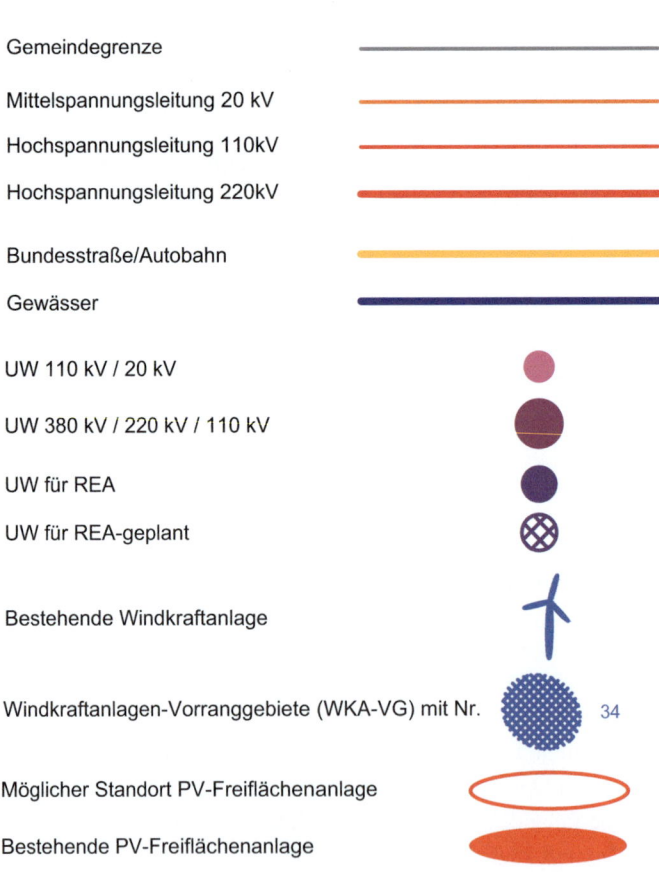

Abb. 4.1 Legende für die Abbildungen in Kap. 4

4.1 Informationssammlung des Netzgebietes im Modelllandkreis

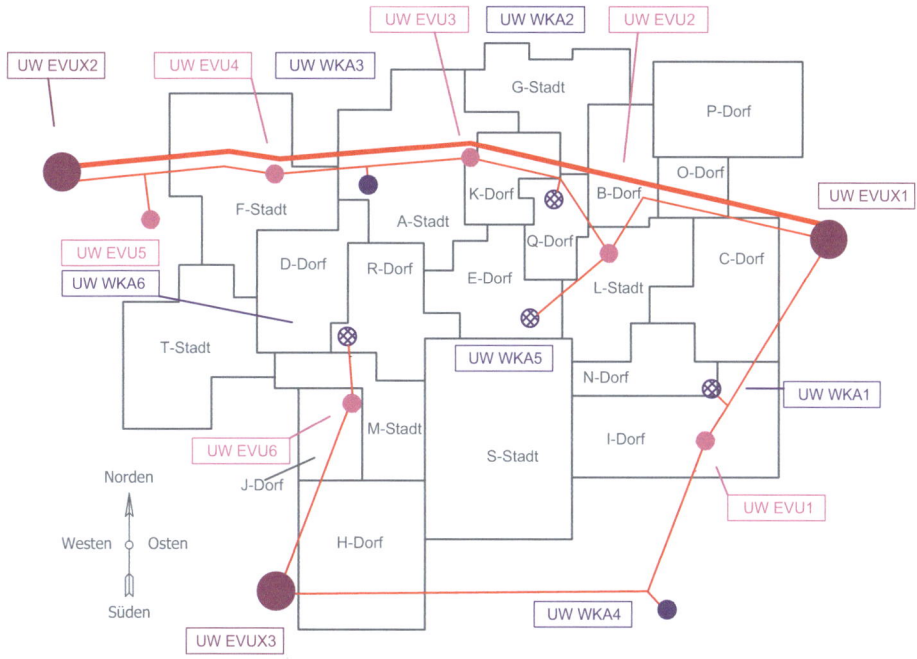

Abb. 4.2 Betrachteter Modelllandkreis mit Hochspannungsnetz

durch den großen Windpark in A-Stadt verläuft. Eine Zweite erstreckt sich im Osten in Nord-Süd-Richtung nahe dem Umspannwerk EVU1. Die dritte Trasse versorgt das Umspannwerk EVU6 im Süden (siehe Abb. 4.2).

Außerhalb des Modelllandkreises in westlicher Richtung befindet sich das UW EVU5. Dies kann insbesondere für Windkraftanlagen, die im Westen des Landkreises vorgesehen sind, eine geeignete Anschlussstelle darstellen.

Parallel zu der 110-kV-Trasse in Ost-West-Richtung verläuft eine 220-kV-Hochspannungs-Doppelleitung. Diese verbindet die Umspannwerke EVUX1 und EVUX2. Die hohe Übertragungsfähigkeit der 220-kV-Freileitung kann genutzt werden, um extrem hohe Windkraftanlagenleistungen an das Netz anzuschließen.

Kabel und Freileitungen jeder Spannungsebene verfügen über eine begrenzte Übertragungsfähigkeit. Liegt netzplanerisch eine Überschreitung der jeweiligen Übertragungsfähigkeit vor, muss die nächsthöhere Spannungsebene gewählt werden /4.1/. Die Tab. 4.1 gibt die Übertragungsfähigkeit von Freileitungen unterschiedlicher Spannungsebenen beispielhaft wieder /4.2/.

Dies sind typische Werte, die deutlich von den verwendeten Leiterseilen abhängen. Bei natürlicher Leistung ist der induktive und kapazitive Blindleistungsbedarf der Freileitung ausgeglichen. Von außen ist für den Betrieb keine Blindleistung erforderlich und der Spannungsfall auf der Leitung ist zu vernachlässigen. Dieser Betriebsfall ist jedoch aufgrund relativ geringer Übertragungsleistung selten wirtschaftlich. Die thermische Leistung ist

Tab. 4.1 Übertragungsfähigkeit von Freileitungen /4.2/

Freileitungen	Natürliche Leistung	Thermische Leistung	Übliche Leistung
20 kV	1,2 MW	14,2 MVA	4,0 MVA
110 kV	32 MW	123 MVA	50 MVA
220 kV (Bündelleiter)	175 MW	490 MVA	250 MVA

eine Scheinleistung und stellt die obere Grenze der dauerhaften Belastbarkeit der Freileitung dar. Übliche Belastungen in der Praxis liegen zwischen natürlicher und thermischer Leistung. Mittlerweile werden Belastungen sehr nahe der thermischen Leistung immer häufiger. Dies hat unter anderem eine beschleunigte Alterung der Betriebsmittel zur Folge.

Aufgrund von Abkühlungsmechanismen durch die Umgebungsluft und anderer Umgebungsbedingungen sind Freileitungen überlastbar. Freileitungsmonitoring misst die Umgebungsparameter des Leiterseiles wie Temperatur, Windgeschwindigkeit, Sonneneinstrahlung etc. Abhängig vom Umgebungszustand kann die maximal mögliche Belastung der Freileitung berechnet werden. Die planbare Übertragungsfähigkeit kann sich somit temporär erhöhen /4.3/, /4.4/.

Bei Kabeln sind die stromführenden Leiter von Isolations- und Armierungsmaterial umgeben und somit Umweltbedingungen kaum ausgesetzt. Zudem ist oft die Wärmeabfuhr durch unterirdische Verlegekanäle und einer Kabelhäufung behindert /4.5/, /4.6/. Für die Übertragungsfähigkeit von Kabeln ist in einem ersten Ansatz die Stromtragfähigkeit des jeweiligen Leiterquerschnittes und Leitermaterials entscheidend /4.7/. Aus Leiterquerschnitt und Leitermaterial leitet sich ein Betriebsstrom I_n ab. Daraus kann abhängig von der Spannungsebene U_n die Übertragungsfähigkeit als Scheinleistung S abgeschätzt werden.

$$S = \sqrt{3} \cdot U_n \cdot I_n$$

Für die folgenden Betrachtungen wird ein $\cos \varphi$ nahe 1 angenommen. Die Tab. 4.2 gibt die deutliche Erhöhung der Übertragungsfähigkeit der Kabel bei einer Spannungsumstellung z. B. von 20 kV auf 110 kV an.

Die Werte in Tab. 4.2 geben grobe Richtwerte für eine netzplanerische Vorauswahl von Kabeltypen an.

Bei Kabeln in höheren Spannungsebenen erhöht sich notwendigerweise die Dicke der Kabelisolierung. Damit ergibt sich ein thermisches Ersatzschaltbild, dass eine geringe-

Tab. 4.2 Abschätzung der Übertragungsfähigkeit von Kabeln

Spannungslevel	Faktor	Beispiel 150 mm² Kupfer $I_N = 320$ A
20 auf 33 kV	1,65	11,09 MVA auf 18,29 MVA
20 auf 110 kV	5,5	11,09 MVA auf 60,97 MVA
33 auf 110 kV	3,333	18,29 MVA auf 60,97 MVA

re Wärmeabfuhr als bei Kabeln in niedrigeren Spannungsebenen zulässt. Dies sollte für jeden Kabeltyp und Isolationsmaterial genauer betrachtet werden.

Bei Kabeln sind für die Übertragungsfähigkeit auch die Verlegart und die Häufung in den Verlegekanälen maßgebend. Die Norm (DIN VDE 0298-4) gibt hier insbesondere für die Häufung von Kabeln in einer bestimmten Verlegeanordnung Reduktionsfaktoren an. Eine große Häufung entsteht meist im Bereich eines Umspannwerkes, da hier alle Kabel meist in einer oder zwei Trassen zum Umspannwerk geführt werden. Bei der Planung des Anschlusses von WKA an bestehende Umspannwerke muss diese Problematik berücksichtigt werden, da die zusätzlichen Kabel der Windparks auch die vorhandenen Kabel der Netzstationen beeinflussen. Dieser Planungsaspekt sollte hier betont werden, da er derzeit in der Praxis nicht angemessen beachtet wird.

4.1.2 Nutzung der Windkraft im Modelllandkreis

Der Modelllandkreis befindet sich in einer Ausbauphase der Windkraftnutzung und hat zum Zeitpunkt der Betrachtung 35 WKA mit einer installierten Leistung von etwa 70 MW in Betrieb oder im Bau. Die Windkraftnutzung soll in Zukunft noch weiter deutlich ausgebaut werden. Für den Zubau werden bestimmte Flächen ausgewiesen, die der dortigen Regionalplanung für „Energieversorgung Windkraft" entnommen werden können. Insbesondere sind im Regionalplan schon verbindliche Sondergebiete für Windkraftnutzung vorgesehen. Zusätzlich sind sogenannte Vorrang- und Vorbehaltsgebiete ausgewiesen. Die Abb. 4.3 zeigt die entsprechenden Gebiete. Mit Hilfe der geographischen Lage und Verteilung der Windkraftanlagen lässt sich eine Relation zum elektrischen Energieversorgungsnetz herstellen, die zur Beurteilung und Planung eines möglichen Netzanschlusspunktes wichtig ist.

Die Vorrang- und Vorbehaltsgebiete für Windkraftnutzung befinden sich auf zwei Ost-West-Achsen des Landkreisgebietes. Eine Achse liegt nahe einer 110-kV-Trasse des Energieversorgungsnetzes. Dies hat Vorteile, falls ein Anschluss großer Windparkleistungen an das Übertragungsnetz notwendig wird.

In Vorranggebieten besitzt die Windkraftnutzung in jedem Fall Vorrang vor anderen raumbedeutsamen Nutzungen und es ist in der Regel für die Aufstellung von Windkraftanlagen kein Raumordnungsverfahren notwendig. Im Vorbehaltsgebiet wird der Windkraft höheres Gewicht als anderen Nutzungen eingeräumt, wenngleich ein Raumordnungsverfahren notwendig ist /4.7/.

Die Vorrang- und Vorbehaltsgebiete werden von den Regionalplanern meist auf Grundlage der Gebietskulisse der Windkraft festgelegt. Hier sind das lokale Windaufkommen sowie die Lage von Schutzgebieten beispielsweise für Natur- und Lärmschutz entscheidend.

Tab. 4.3 gibt die installierte Leistung der bestehenden Windkraftanlagen nach Gemeinden aufgeschlüsselt an. Zusätzlich sind die installierten Leistungen laufender WKA-Anschlussanträge sowie das zukünftige zusätzliche WKA-Potential aufgeführt.

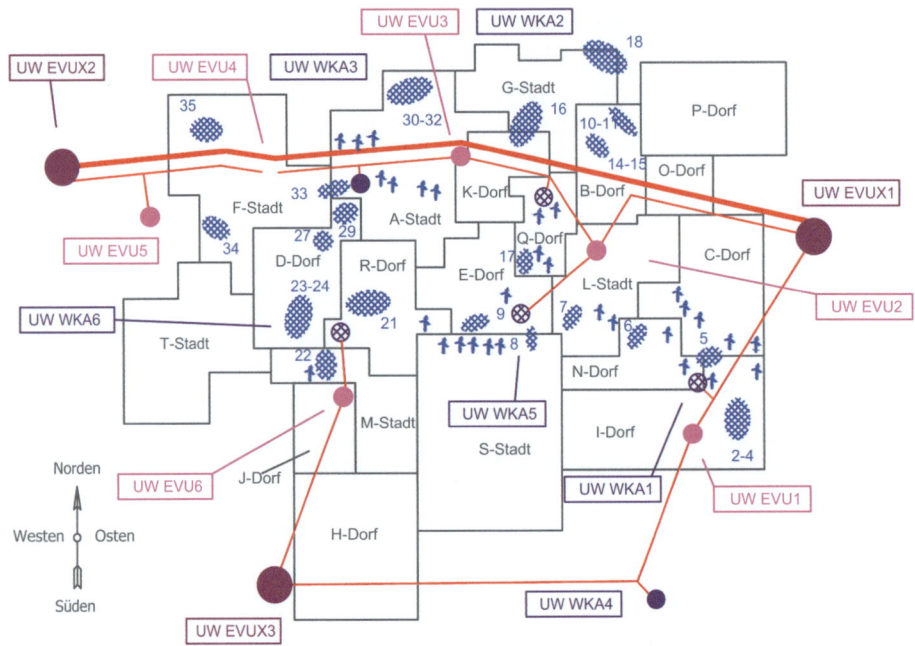

Abb. 4.3 Regionalplan „Energieversorgung Windkraft" des Modelllandkreises

Die Leistungen der WKA-Anschlussanträge und des zukünftigen Potentials sind mit einer Realisierungswahrscheinlichkeit von etwa 75–80 % zu gewichten. In Summe ergibt sich für den Modelllandkreis eine in Zukunft installierte Windkraftleistung von etwa 320 MW. Dies bedeutet einen massiven Zubau an dargebotsabhängiger Einspeiseleistung. Die derzeitige Netzlast von im Mittel 100 MW wird um das Dreifache übertroffen.

Es sei hier nochmals betont, dass der geplante Zubau hinsichtlich der Höhe der Einspeiseleistung und ihres fluktuierenden Charakters eine außerordentlich anspruchsvolle Herausforderung darstellt, die ein kurzfristiges und operatives Vorgehen per se verbietet.

320 MW können aufgrund unverrückbarer Gesetze der Physik nicht von einem 20-kV-Netz aufgenommen und transportiert werden. Eine Nutzung vor Ort ist aufgrund der genannten Laststagnation nur teilweise möglich. Daher ist bei den Planungsarbeiten das 110-kV-Netz miteinzubeziehen und über die Schaffung eines weiteren Verknüpfungspunktes zwischen 220-kV-Netz und 110-kV-Netz im Modelllandkreis nachzudenken.

Der größte Zubau an WKA ist in L-Stadt zu erwarten. Dort liegen zum Zeitpunkt der Betrachtung WKA-Anschlussanträge mit einem Volumen von etwa 47 MW vor. Die Netzverhältnisse der Gemeinde L-Stadt werden daher, über die Situation des Landkreises insgesamt hinaus, gesondert untersucht.

Tab. 4.3 und Abb. 4.3 geben die geographische Verteilung und Höhe der Windkraftleistung wieder. Dies ist Grundlage der Planungsarbeit hinsichtlich geeigneter Netzstrukturen und der Festlegung existierender sowie neuer Umspannwerke für den WKA-Anschluss.

4.1 Informationssammlung des Netzgebietes im Modelllandkreis

Tab. 4.3 Installierte Windkraftleistungen der Gemeinden im Modelllandkreis

Gemeinde	Bestand in MW	Anträge in MW	Potential in MW
A-Stadt	21,52	3	20
B-Dorf			20
C-Dorf	10,1		
D-Dorf			20
E-Dorf	1,8	17	
F-Stadt		16,1	
G-Stadt			10
H-Dorf	3	3	
I-Dorf	0,6	12,3	20
J-Dorf		9	
K-Dorf			20
L-Stadt	2	46,8	
M-Stadt	0,5	3,2	20
N-Dorf	8	15,7[a]	
O-Dorf			
P-Dorf			
Q-Dorf	8,39		
R-Dorf	0,6	17,47	40
S-Stadt	13,5	3,17[a]	12
Summe	**70,01**	**146,74**	**182**

[a]Bereits genehmigte Windkraftanlagen

Die Netzplanung erfolgt entsprechend den Spalten in Tab. 4.3 in drei Ausbaustufen; der „Bestand" zeigt den Ist-Zustand, die Spalte „Anträge" wird Grundlage der ersten Ausbaustufe und das „Potential" als zweite und Endausbaustufe betrachtet.

4.1.3 Nutzung der Photovoltaik im Modelllandkreis

Im Modelllandkreis wird auch die Photovoltaik (PV) massiv genutzt. Entsprechende Zahlen über Bestandsanlagen und zukünftige PV-Leistungen sind in der Tab. 4.4 zusammengefasst. Es sind derzeit (Stand Oktober 2012) 39,1 MW Photovoltaikleistung (PV-Leistung) als Freiflächenanlagen installiert. Auch hier sieht der Landkreis großes Potential beim Ausbau solcher Anlagen. In Summe wird ein zusätzlicher Ausbau von etwa 141,2 MW angegeben, wobei hier mit einer deutlich geringeren Realisierungswahrscheinlichkeit von etwa 40 % als bei der Windkraft gerechnet wird. Somit ergeben sich voraussichtlich etwa 57 MW an zusätzlicher installierter PV-Leistung.

Zukünftig ist mit etwa 100 MW installierter PV-Leistung zu rechnen. Dies entspricht der derzeitigen elektrischen Last im gesamten Modelllandkreis. Die deutlich geringere

Tab. 4.4 Installierte Photovoltaikleistungen und Potentiale der Gemeinden im Modellandkreis

Gemeinde	Bestand in MW	Primärflächen in MW	Sekundärflächen in MW	Zukunftsflächen in MW
A-Stadt	10,4	3,2		5,5
B-Dorf	1,8	1,0		0,5
C-Dorf		11,7		2,0
D-Dorf	1,3	1,0		1,0
E-Dorf		4,05		1,75
F-Stadt	2,4	2,0		
G-Stadt	2,6	5,3		
H-Dorf	3,3	5,8		
I-Dorf		1,8	2,85	5,0
J-Dorf	3,7	10,9		
K-Dorf	6,3	0,9		
L-Stadt	1,2	8,9	1,55	
M-Stadt		6,6		1,0
N-Dorf		3,25	2,6	4,8
O-Dorf	4,2	3,85		
P-Dorf		3,1		
Q-Dorf		5,05		
R-Dorf		12,65		3,1
S-Stadt	1,9	8,05		10,45
Summe	**39,1**	**99,1**	**7**	**35,1**

flächenbezogene Leistungsdichte der PV-Anlagen gegenüber den WKA bevorzugt einen Anschluss der PV-Anlagen auf der Mittelspannungsebene. Das bedeutet, dass das 20-kV-Netz vorzugsweise für den Anschluss der geplanten PV-Anlagen reserviert sein sollte und WKA davon fern zu halten sind. WKA können geeigneter gebündelt über ein eigenes Umspannwerk an das 110-kV oder 220-kV-Hochspannungsnetz angeschlossen werden.

Für eine genauere Betrachtung des PV-Potentials, werden die Flächen ähnlich wie bei der Windkraft näher definiert. Sie lassen sich grob in drei Kategorien einteilen, hierzu zählen die Primärflächen, Sekundärflächen sowie Zukunftsflächen. Bei den Primärflächen handelt es sich häufig um Flächen an Verkehrswegen, vorwiegend Autobahnen und Bahnstrecken. Zusätzlich muss ein geeigneter Anschluss an Siedlungsflächen vorhanden sein, insbesondere für die Anbindung an das Energieversorgungsnetz. Die Sekundärflächen sind gleich den Primärflächen nur ohne einen Siedlungsanschluss. Bei den Zukunftsflächen handelt es sich um Flächen, die aktuell noch anderweitig genutzt werden, beispielsweise als Deponien. Diese könnten in einigen Jahren oder Jahrzehnten als Photovoltaikstandorte dienen.

Die Planung der Anbindung der PV-Anlagen berücksichtigt lediglich das Potential der Primär- und der Sekundärflächen. In der Tab. 4.4 ist der Bestand und die möglichen zu-

4.2 EVU-Netzanalyse und EVU-Netzplanung

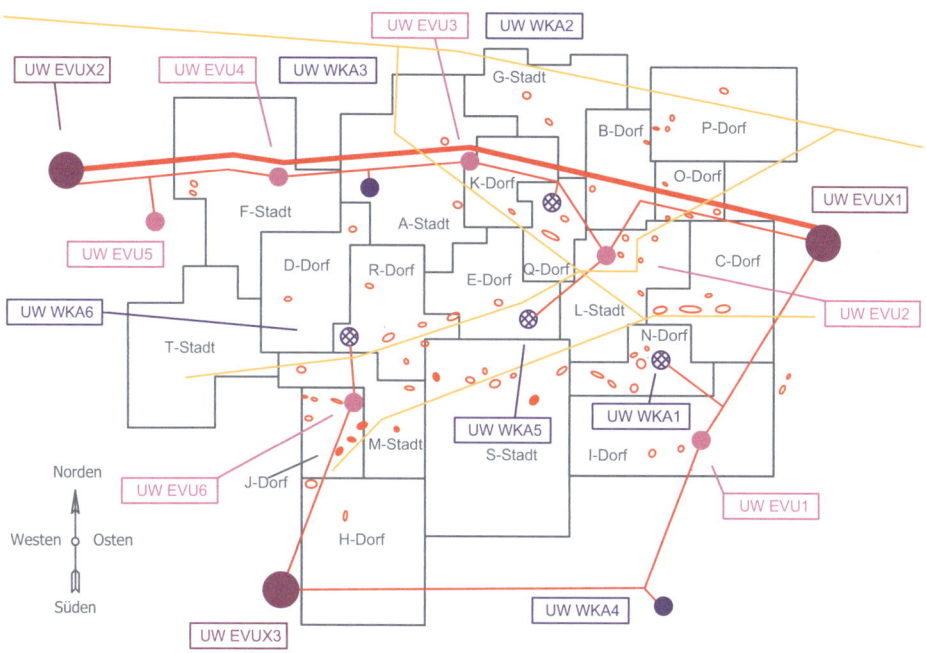

Abb. 4.4 Modelllandkreis mit Flächen zur Photovoltaiknutzung

künftigen Potentiale der Photovoltaik ohne Realisierungswahrscheinlichkeit angegeben. Mit einer Realisierungswahrscheinlichkeit von 40 % ohne Betrachtung der Zukunftsflächen ergibt sich ein Zubaupotential von 42,4 MW. Die Verteilung im Modelllandkreis lässt sich aus Abb. 4.4 entnehmen.

Insbesondere die Gebiete C-Dorf, J-Dorf, L-Stadt, R-Dorf und S-Stadt haben ein Potential an Primärflächen von über 8 MW installierter PV-Leistung. Durch diese Gemeinden verlaufen Hauptverkehrswege, in C-Dorf und L-Stadt ist es beispielsweise eine Autobahn.

4.2 EVU-Netzanalyse und EVU-Netzplanung

Die EVU-Netzanalyse umfasst eine Last- und Strukturanalyse des bestehenden EVU-Netzes. Falls aufgrund der Netzanalyse Verbesserungsmaßnahmen erforderlich sind, werden diese ausgearbeitet und vorgeschlagen.

Im Folgenden werden die von den Umspannwerken UW EVU2 und UW EVU6 versorgten Netze beispielhaft analysiert und geplant. Beide Umspannwerke sind vorgesehen in naher Zukunft hohe Einspeisungen aus WKA und PV-Anlagen aufzunehmen.

4.2.1 EVU-Netzanalyse des Umspannwerks EVU2

Mit dem Umspannwerk EVU2 werden zwei Erdschlussgebiete in der Umgebung von L-Stadt versorgt. Zwei 110/20-kV-Transformatoren mit einer Nennscheinleistung von jeweils 40 MVA speisen jeweils das Erdschlussgebiet Nord und Süd. Die Erdschlussgebiete werden kompensiert betrieben. Die beiden Transformatoren sind auf der 20-kV-Seite kuppelbar.

4.2.1.1 Last-Analyse des Ist-Netzes

Die Abb. 4.5 zeigt das 20-kV-Netz des Umspannwerks EVU2. Es enthält sowohl zahlreiche Freileitungs- als auch Kabelstrecken. Dies zeigt den historisch gewachsenen Charakter des Netzes, da es in jüngster Vergangenheit zunehmend schwieriger ist Freileitungsstrecken zu realisieren. Aktuell beträgt die Stromkreislänge in diesem Gebiet 397 km. Der Freileitungsanteil beträgt 52 %.

Die zum Zeitpunkt der Betrachtung existierende Einspeiseleistung der REA in diesem Netzabschnitt strukturiert sich entsprechend Tab. 4.5 und Abb. 4.6. Etwa 19 MW WKA

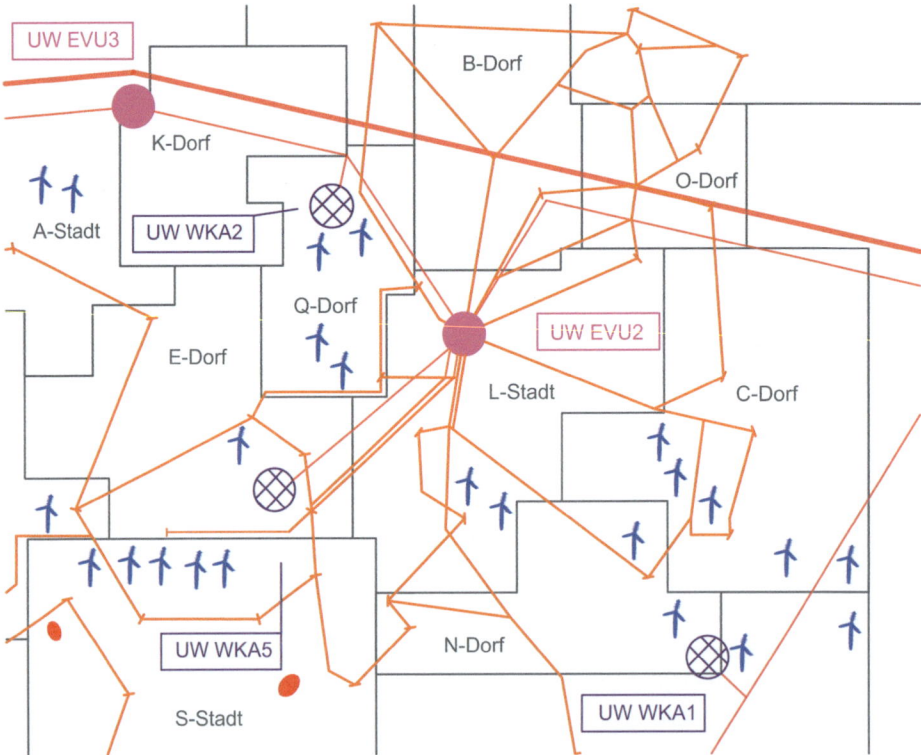

Abb. 4.5 20-kV-Netz des UW EVU2

4.2 EVU-Netzanalyse und EVU-Netzplanung

Tab. 4.5 Aufteilung der REA-Einspeisung im Netzgebiet des UW EVU2

	[MW]	In %
Wind	18,6	28,4
PV-MS	20,8	31,7
PV-NS	15,06	23,0
Bio	6,1	9,3
Industrie	5,0	7,6
Gesamt	65,56	100

sind installiert. Hierzu zählt der Windpark nahe der Autobahn im Norden von S-Stadt (12,5 MW), der über ein Kabel und eine Entfernung von ca. 14 km direkt an das UW EVU2 angeschlossen ist. Dieses Kabel gehört zur Anschlussanlage des Windparkbetreibers. Die weiteren Anlagen sind direkt an das 20-kV-Verteilnetz angeschlossen. Dazu zählen unter anderem die WKA aus der Gemeinde Q-Dorf mit einer Leistung von 2 MW, Anlagen im Stadtgebiet von L-Stadt an der Autobahn mit 1,8 MW, Anlagen in Summe mit 1,1 MW bei C-Dorf und Anlagen mit 1,2 MW bei E-Dorf.

Die installierten PV-Freiflächenanlagen liegen bei ca. 21 MW. Hinzu kommen etwa 15 MW an PV-Dachflächen. In Summe dominiert die PV die REA-Einspeisung am UW EVU2. Die Einspeisung der Biogasanlagen liegt etwa bei 6 MW.

Hinzu kommt die Einspeisung eines Industrieunternehmens mit 5 MW, welches direkt an der 20-kV-Sammelschiene des Umspannwerks einspeist.

In Tab. 4.6 sind Leistungsflussdaten des Umspannwerks UW EVU2 aufgeführt. Die beiden 110/20-kV-Transformatoren versorgen demnach 12 MW Last im Schwachlastfall. Die Starklast liegt etwa bei 25 MW. (n − 1)-Sicherheit der Lastversorgung ist unbedingt, insbesondere auch nach dem REA-Anschluss, einzuhalten.

Weiterhin sind zwei Zukunftsszenarien für Ausbaustufen in 5 und in 10 Jahren angegeben, in denen insbesondere der angenommene Zuwachs an Dachflächen mit Photovoltaik berücksichtigt ist. Die Rückspeisung betrachtet den Leistungsfluss beider Transformatoren in Summe vom 20-kV-Netz in das 110-kV-Netz. Für die kommenden 5 und 10 Jahre

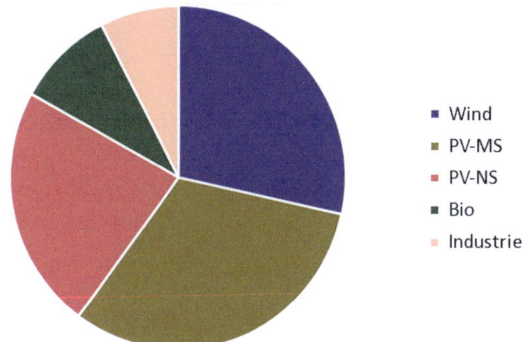

Abb. 4.6 Aufteilung der REA-Einspeisung im Netzgebiet UW EVU2

Tab. 4.6 Leistungsflussdaten 110/20-kV-UW EVU2 bei Schwachlast für jetzt, in 5 Jahren und in 10 Jahren

Einspeisung [MW]	Last (Schwachlast) [MW]	Rückspeisung [MW]	Zeitpunkt
59,2	12	−46,1	Jetzt
67,8	12	−54,1	5 Jahre
68,8	12	−55,3	10 Jahre

ist ein deutlicher Zuwachs an PV-Dachflächen prognostiziert. Hohe PV-Einspeisung und Schwachlast ist für die Sommermonate typisch.

Bereits jetzt übersteigt die Rückspeisung von 46,1 MW die Transformatornennscheinleistung von 40 MVA deutlich. Fällt ein Transformator aus, wird der zweite überlastet, kann geschädigt werden und fällt auch aus. Da das Versorgungsgebiet mit REA nicht inselfähig ist, wird die Last bei Wegfall der fluktuierenden REA-Einspeisung nicht mehr versorgt, es kommt zum Netzausfall. $(n-1)$-Sicherheit der Versorgung ist stark gefährdet und für die Szenarien in 5 und 10 Jahren nicht mehr gegeben. Zudem sind keine strategischen Reserven für den Anschluss von weiteren REA vorhanden, bei gleichzeitig $(n-1)$-sicherer Lastversorgung.

Die Lösung kann nur eine Begrenzung der REA-Einspeisung oder eine Harmonisierung der REA-Systeme an die Netzverhältnisse sein z. B. durch Energiezwischenspeicherung mit PEM-Elektrolyseuren bzw. Power-to-Gas sein.

4.2.1.2 Struktur-Analyse des Ist-Netzes

Die Struktur-Analyse des EVU-Netzes beschränkt sich zunächst auf das Erdschlussgebiet Nord. Sie umfasst folgende Punkte:

- Sind in den 20-kV-Strängen noch Leistungs-Reserven vorhanden?
- Welche Funktion haben die vorhandenen 20-kV-Schaltanlagen bzw. Knotenpunkte im derzeitigen Netz?
- Besteht generell Optimierungspotential hinsichtlich der Struktur des 20-kV Netzes?

Dabei werden folgende Kriterien angesetzt:

- $(n-1)$-Kriterium,
- Einfacher und robuster Netzaufbau und -betrieb.

Die durchgeführte Strukturanalyse ergab Verbesserungspotential. Folgende Verbesserungsvorschläge wurden für das Ist-Netz ausgearbeitet:

a. Knoten 672 in die Station einschleifen.
b. Bereich 398–231: das Kabel 231–245 in die Station 272 einschleifen. Das Kabel 315–272 kann dann entfallen. Die Dreibeine 245 und 315 sind nicht mehr notwendig.

4.2 EVU-Netzanalyse und EVU-Netzplanung

c. Die Kupplungsverbindung 264–263 ist nicht mehr notwendig, da 263 entfällt.
d. Bei evtl. Verkabelung der Freileitung sollte der Knotenpunkt 641 in die Station 290 verlagert werden.
e. Der Knotenpunkt 629 sollte in die Station 285 verlagert werden.
f. Welche Funktion hat die Verbindung 389–340? Im Ist-Netz ist hier eine Trennstelle, jedoch relativ langes Kabel, daher Empfehlung Rückbau oder Stilllegung.
g. Knoten 632 evtl. bei Verkabelung in die Station 279 verlagern.

Abb. 4.7 veranschaulicht beispielhaft den Verbesserungsvorschlag b. Das linke Bild zeigt das Ist-Netz mit einer zweifachen und damit unübersichtlichen Ringstruktur. Das rechte Bild zeigt den Verbesserungsvorschlag b. Das Ergebnis ist eine eindeutige Ringstruktur, die sich über die Station 231 schließen lässt. Nach Durchführung aller ausgearbeiteten Verbesserungsmaßnahmen a bis g ergibt sich die schematische Darstellung des Erdschlussgebietes Nord in Abb. 4.8. Einfache und kurze Stiche sind nicht dargestellt.

Das Netz des Erdschlussgebietes Süd zeigt Abb. 4.9. Es werden nur wichtige Knotenpunkte und Schaltanlagen dargestellt. Auch hier sind Stiche, die zu vereinzelten Ortsnetzstationen führen, nicht gezeigt. Dieses Netz ist deutlich einfacher und klarer aufgebaut als das Erdschlussgebiet Nord.

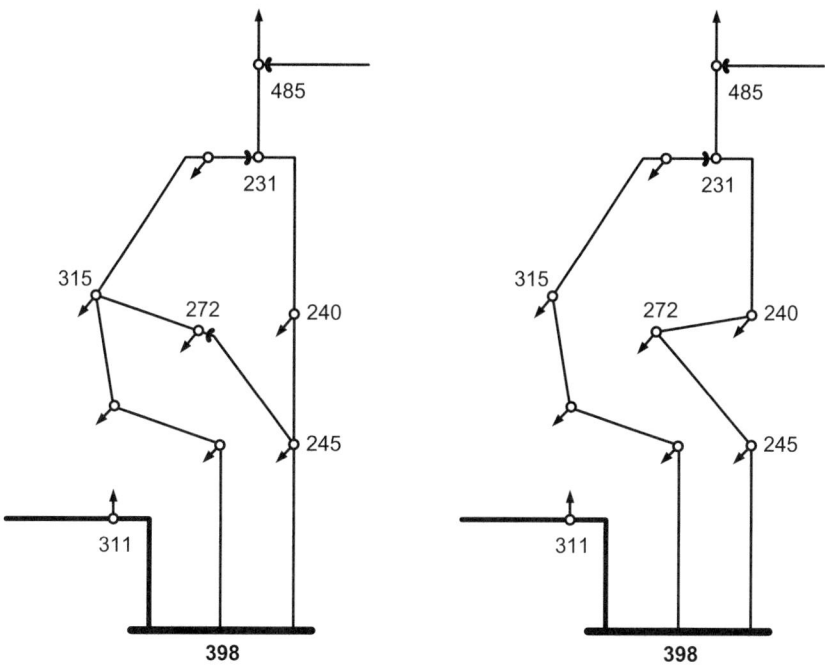

Abb. 4.7 Ist-Netz (**a**) und Verbesserungsmaßnahme (**b**) des Erdschlussgebietes Nord

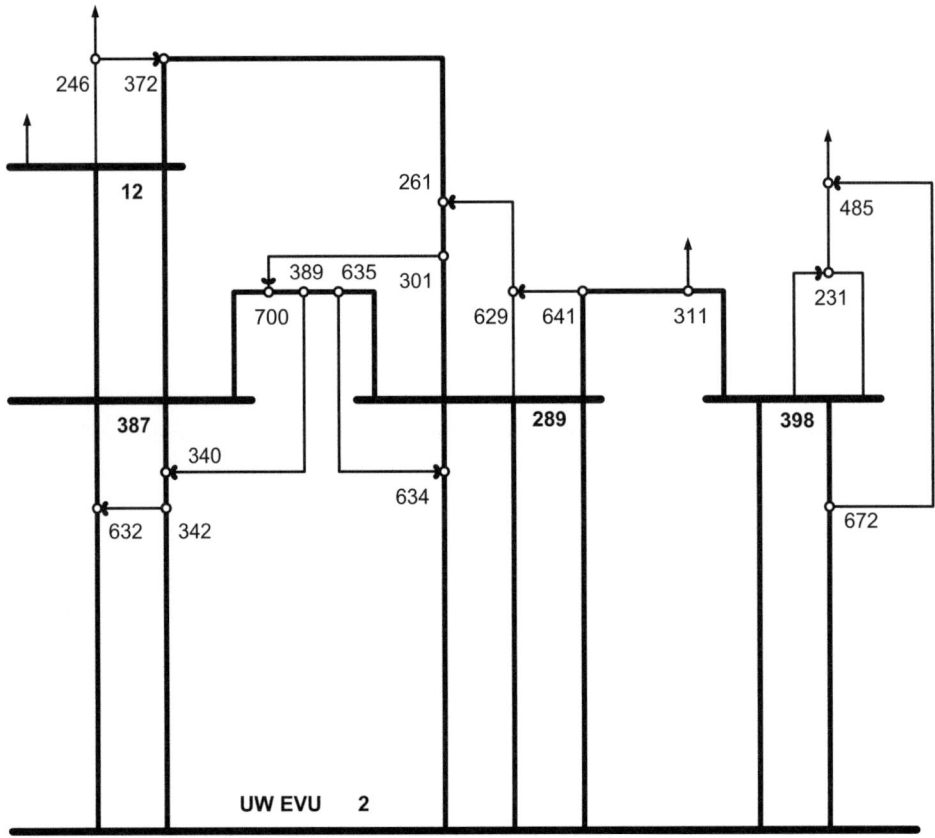

Abb. 4.8 Schematische Darstellung des gesamten Erdschlussgebietes Nord nach Durchführung aller Verbesserungsmaßnahmen und der Trennstellen

Abb. 4.8 und 4.9 enthalten Trennstellen, die die normale Betriebsweise des Netzes zeigen.

Insgesamt sind in beiden Netzen klare Netzstrukturen vorhanden. Das Verbesserungspotential ist gering. Die Möglichkeiten durch netzplanerische Umstrukturierungen neue Netzreserven zu erschließen sind erschöpft.

▶ Weitere strategische Netzplanungsmaßnahmen für das EVU-Netz UW EVU2 sind im Rahmen dieser Untersuchung daher nicht notwendig.

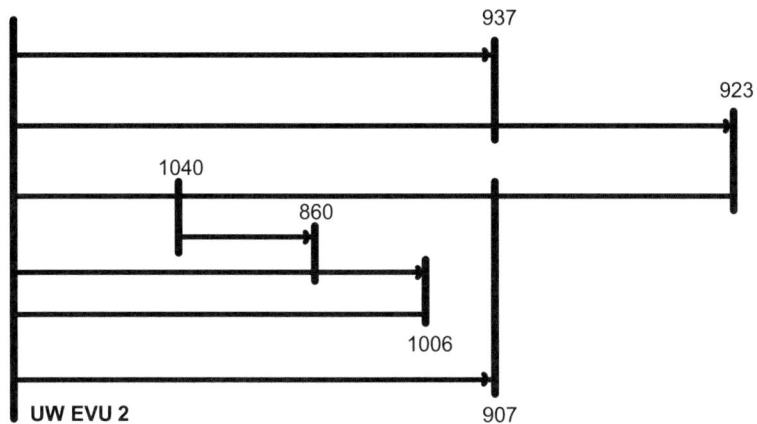

Abb. 4.9 Schematische Darstellung Erdschlussgebiet Süd mit Trennstellen

4.2.2 EVU-Netzplanung – Operative REA-Anschlussplanung

Eine strategische EVU-Netzplanung ist, wie im vorherigen Kapitel erwähnt, nicht notwendig. Zur Untermauerung der Dualen Planungsmethodik sind im Folgenden Szenarien des operativ geplanten REA-Anschlusses unter Einhaltung der BDEW-Anschlussbedingungen aufgezeigt /4.8/. Dieses Vorgehen stellt derzeit die gängige Praxis dar.

Gemäß der derzeitigen Praxis werden für den Netzanschluss von REA Netzberechnungen durchgeführt und ausgewertet. Dabei wird die Einhaltung der BDEW-Anschlussbedingungen überprüft. Sobald der nächstbeste Anschlusspunkt mittels Netzberechnung verifiziert ist, ist die Planung abgeschlossen und der Anschluss kann erfolgen. Die Erfahrungen zeigen jedoch, dass diese Vorgehensweise kein zielführender Ansatz ist. Im vorliegenden Abschnitt soll aufgezeigt werden, welche Probleme sich bei einer solchen Vorgehensweise ergeben und welche Kompromisse man beispielsweise in der Verlegung unüblich großer Kabelhäufungen eingehen muss. Es soll zunächst die Anbindung der WKA (Abschn. 4.2.2.1) und im Anschluss die der PV-Anlagen (Abschn. 4.2.2.2) untersucht werden.

Im Folgenden wird jeweils der Schwachlastfall betrachtet. Dabei ist die Last vor Ort minimal und die überschüssige Energie muss aus unverrückbaren physikalischen Gründen ins übergeordnete Netz transportiert werden.

4.2.2.1 Anschluss WKA
Als Beispiel werden die neu entstehenden WKA in der Umgebung von L-Stadt herangezogen. Hierbei handelt es sich um Anträge in Höhe von etwa 38 MW ebenfalls gewichtet mit der Realisierungswahrscheinlichkeit von 80 %. Die Abb. 4.10 zeigt die Standorte der geplanten Anlagen der Stadtwerke L-Stadt und einer privaten Betreibergesellschaft.

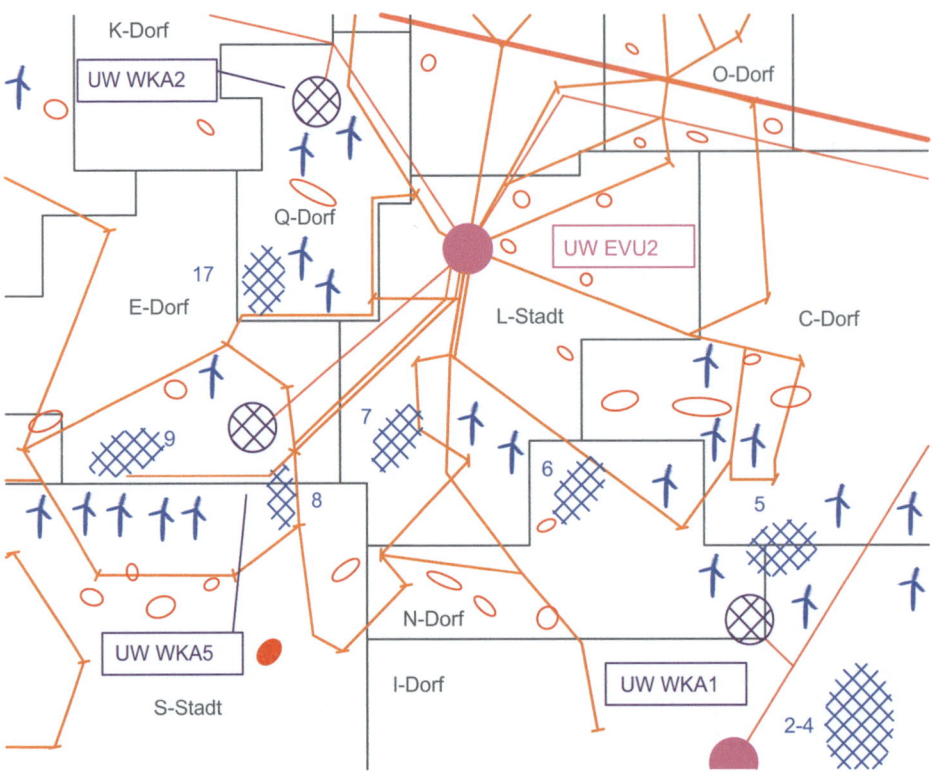

Abb. 4.10 Lage von bestehenden und neu entstehenden WKA in der Umgebung L-Stadt

Die Stadtwerke planen neun Anlagen mit einer installierten Leistung von jeweils 2,4 MW, also in Summe 21,6 MW. Hinzu kommen für diese Region noch 7 Anlagen einer privaten Betreiberfirma. Insgesamt sollen in Summe etwa 39 MW neu installiert werden. Die Anlagen werden aus geografischen Gründen an das 20-kV-Erdschlussgebiet Süd angeschlossen. Die Anlagen werden jeweils in Gruppen unter 5 MW zusammengefasst, mit Ausnahme der Anlagen im WKA-Gebiet 6 im Südosten von L-Stadt.

Netzberechnungen zeigen, dass der WKA-Anschluss zu einer deutlich höheren Belastung der Kabelverbindungen führt. Da mit einer weiteren Zunahme der Einspeisung durch PV in diesem Gebiet, nahe der Autobahn, zu rechnen ist, wäre eine unzulässig hohe thermische Überlastung zu erwarten. Parallelkabel lösen dieses Problem nur unzureichend, denn eine dichte Kabelhäufung reduziert die Belastbarkeit der Kabel und erhöht die Fehlerhäufigkeit. Zudem ist es schwierig die BDEW-Anschlussbedingungen zu erfüllen und es muss teilweise auf einen unterregten Betrieb der PV-Anlagen umgestellt werden /4.8/.

Ein operativ geplanter WKA-Anschluss auf der 20-kV-Ebene ist hinsichtlich der Übertragungsfähigkeit und Zuverlässigkeit sowie der BDEW-Anschlussbedingungen nicht nachhaltig sinnvoll.

4.2.2.2 Anschluss PV

Die PV-Anlagen sollen an das Erdschlussgebiet Süd angeschlossen werden. Abb. 4.11 zeigt dieses Netzgebiet lageorientiert geographisch. Es sind vier Stränge hervorgehoben, die jeweils mit A, B, C und D bezeichnet sind, der westliche Ring dieses Netzes wird hier nicht mit berücksichtigt, da er nicht von den PV-Freiflächenanlagen betroffen ist. Schematisch ist das Netzgebiet bereits in Abb. 4.9 dargestellt. Das Gebiet wird über mehrere Stränge versorgt. Der PV-Anschluss erfolgt am Strang A und B. In Summe werden 6,5 MW zusätzlich an PV-Freiflächenanlagen in das Netz eingebracht. Abb. 4.12 zeigt den PV-Anschluss schematisch mit den Ergebnissen der Lastflussberechnung für den Schwachlastfall zum Betrachtungszeitpunkt. Hierbei ist zu sehen, dass alle Stränge auf das Umspannwerk speisen und Strang A mit bis zu 57 % ausgelastet ist.

Der PV-Anschluss erhöht die Auslastung des oberen Stranges hin zum Umspannwerk deutlich. Die Belastung in Prozent ist auf den Betriebsstrom bei entsprechender Betriebstemperatur des Kabels bzw. Freileitung bezogen. Die BDEW-Anschlussbedingungen werden alle knapp eingehalten.

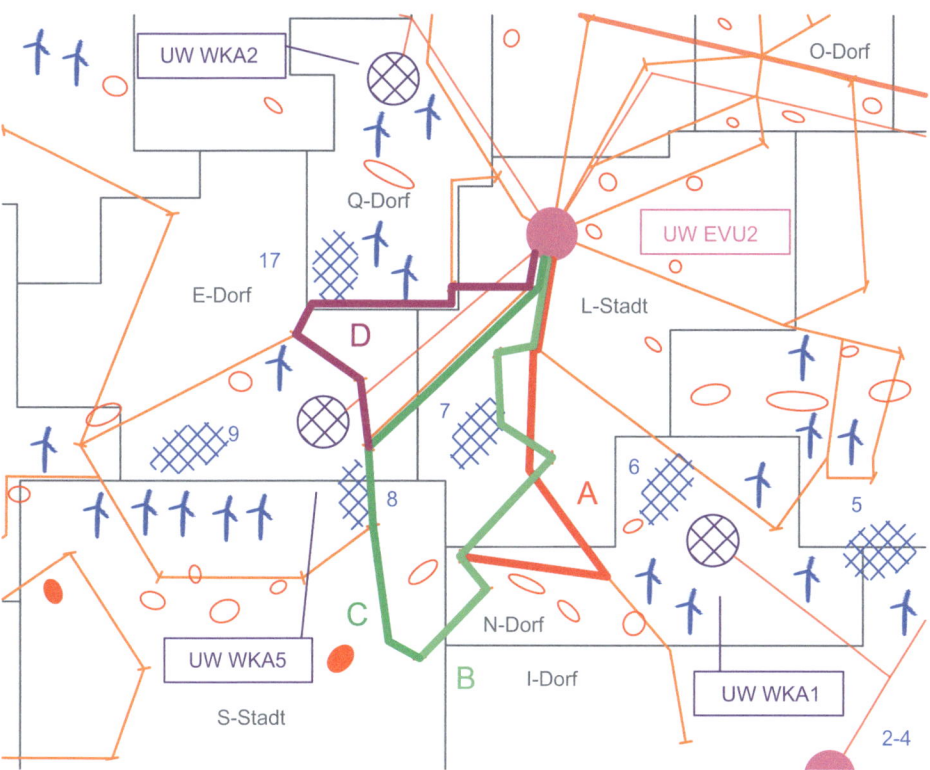

Abb. 4.11 Geographischer Lageplan des Erdschlussgebietes Süd

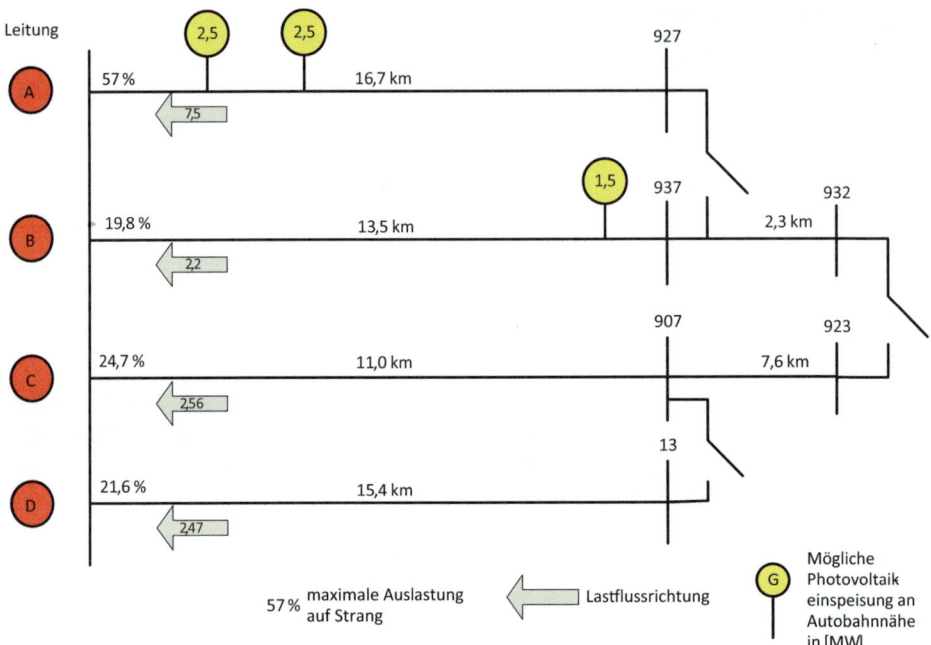

Abb. 4.12 Lastflussergebnisse – PV-Freiflächenanlagen und Schwachlast

Die Abb. 4.13 zeigt den Fall für den Planungshorizont in 10 Jahren mit einem Zuwachs an Photovoltaik-Dachflächen im Niederspannungsnetz.

Dieser Zuwachs führt zu einer Überschreitung der Auslastung von 60 % im Strang A und gefährdet die (n − 1)-Sicherheit. Somit sind Störfallrechnungen wesentliche Arbeitsschritte jeder Netzplanung.

4.2.2.3 Störfall 1: Ausfall Strang B

Die Abb. 4.14 zeigt den Ausfall des Stranges B aufgrund eines Kabelfehlers nahe dem UW EVU2. Das Schließen der dem UW gegenüberliegenden Trennstelle zwischen Strang A und B führt zu einer Wiederversorgung des Stranges B über den Strang A. Ein Leistungsüberschuss auf Strang B muss jetzt über Strang A zum UW transportiert werden. Die Auslastung des Stranges A steigt dabei auf mehr als 70 % an. Dies kann, insbesondere in UW-Nähe und wegen der zu erwarteten Kabelhäufung, zu einer unzulässigen Auslastung führen und ist gesondert zu überprüfen. Das Belastungsszenario in 10 Jahren verschärft die Auslastungssituation. Dieser Fall ist im vorliegenden Buch nicht detailliert betrachtet.

4.2 EVU-Netzanalyse und EVU-Netzplanung

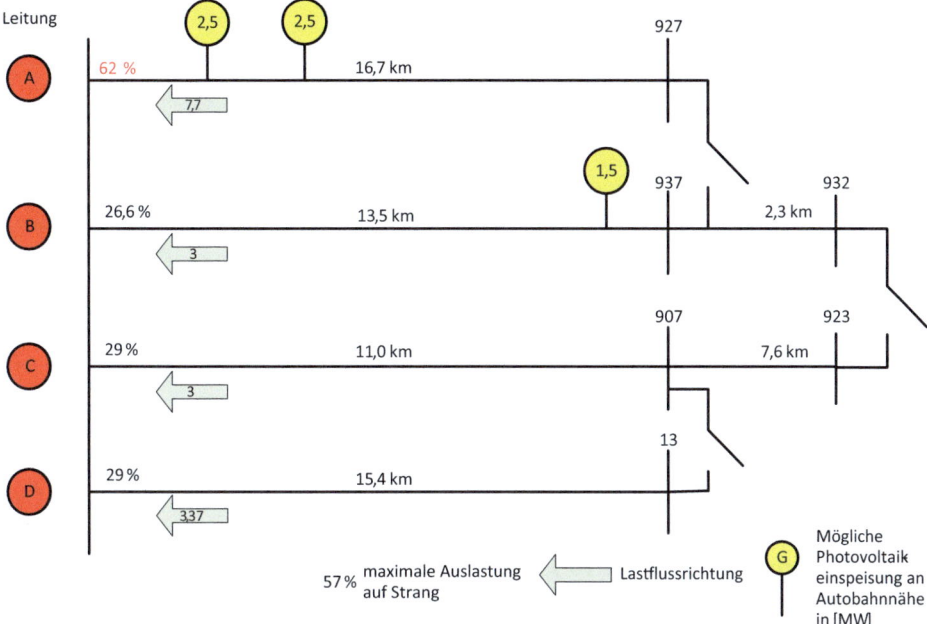

Abb. 4.13 Lastflussergebnisse – PV-Freiflächenanlagen in 10 Jahren und Schwachlast

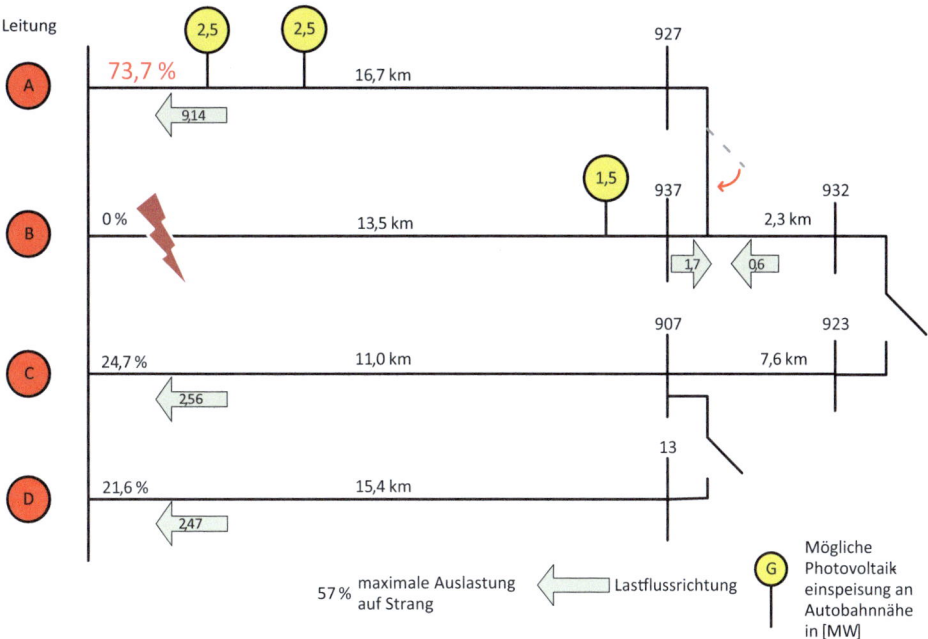

Abb. 4.14 Lastflussergebnisse – Störfallrechnung 1, Ausfall Strang B mit PV-Freiflächenanlagen und Schwachlast

4.2.2.4 Störfall 2: Ausfall Strang A nur PV

Die Abb. 4.15 zeigt den Ausfall des hochbelasteten Stranges A aufgrund eines Kabelfehlers nahe dem UW EVU2.

Die Auslastung des Stranges B steigt auf über 70 %. Abhilfe davon kann das Schließen mehrerer Trennstellen sein.

Dadurch verteilt sich der Lastfluss entsprechend der Impedanzverhältnisse im Netz. Die Abb. 4.16 zeigt für diesen Fall die Auslastung der vier Stränge. Aufgrund des Fehlers am Anfang des Stranges A muss die gesamte Leistung dieses Stranges über die anderen Stränge an das Umspannwerk transportiert werden. Werden zwei Trennstellen des Netzes geschlossen, verteilt sich die zusätzliche Leistung auf die Stränge B und C und gleicht sich in etwa an die Auslastung der Stränge B und C an. Die Auslastung im Strang B sinkt auf 52,3 %.

Das Schließen mehrerer Trennstellen führt zu einem geschlossenen Netzbetrieb. Dazu sind entsprechende Selektivschutzsysteme und Leistungsschalter mit Schaltanlagen an den Trennstellen vorzusehen, um die Versorgungszuverlässigkeit nicht zu gefährden. Das Verteilungsnetz ist jedoch auf den geschlossenen Betrieb nicht vorbereitet.

Das Belastungsszenario „In 10 Jahren" verschärft die Auslastungssituation. Von einer detaillierten Betrachtung dieses Falls wird abgesehen. Die kritische Betrachtung des

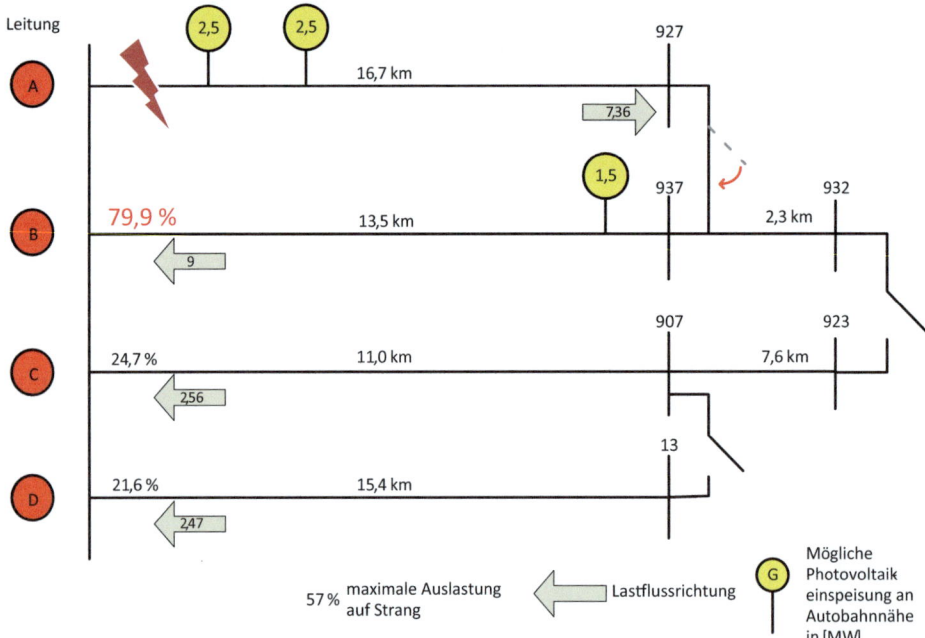

Abb. 4.15 Lastflussergebnisse – Störfallrechnung 1, Ausfall Strang A mit PV-Freiflächenanlagen und Schwachlast, eine geschlossene Trennstelle

4.2 EVU-Netzanalyse und EVU-Netzplanung

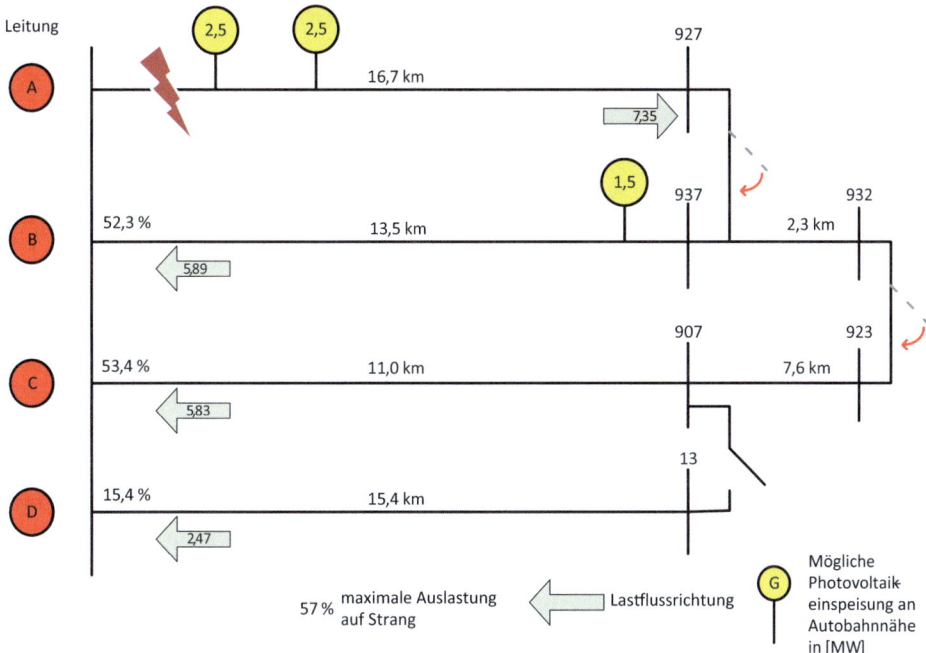

Abb. 4.16 Lastflussergebnisse – Störfallrechnung 1, Ausfall Strang A mit PV-Freiflächenanlagen und Schwachlast, mehrere geschlossene Trennstelle

operativ geplanten Anschlusses der PV-Freiflächenanlagen sowie der Störfallsimulationen zeigen, dass die (n − 1)-Sicherheit im EVU-Netz des UW EVU2 stark gefährdet ist, wenngleich die BDEW-Anschlussbedingungen knapp erfüllt sind.

Als Schlussfolgerung kann festgehalten werden, dass mögliche Reserven hinsichtlich Übertragungsfähigkeit und Versorgungsqualität im bestehenden 20-kV-EVU-Netz ausschließlich für den PV-Anschluss zu nutzen sind. Die geringe flächenbezogene Energiedichte und die technisch begrenzten Anschlussmöglichkeiten von PV auf Dachflächen untermauern diese Empfehlung.

WKA sollten aus dem 20-kV-EVU-Netz ferngehalten werden. Der Anschluss hat separat mit eigenem UW ins Übertragungsnetz zu erfolgen. Der höhere Belastungsgrad der Windkraft gegenüber der Photovoltaik rechtfertigt zudem den kurzfristig höheren Investitionsaufwand. Diese Lösung bringt mittel- und langfristig große technische sowie wirtschaftliche Vorteile mit sich.

▶ Das geeignete Vorgehen zum WKA-Anschluss ist in Abschn. 4.4 dargelegt.

4.2.3 EVU-Netzanalyse des Umspannwerks EVU6

Mit dem Umspannwerk EVU6 werden zwei Erdschlussgebiete in der Umgebung von M-Stadt versorgt. 110/20-kV-Transformatoren des Energieversorgers mit einer Nennscheinleistung von jeweils 31,5 MVA speisen jeweils das Erdschlussgebiet Nord-Ost und Süd-West. Die Erdschlussgebiete werden kompensiert betrieben. Die beiden Transformatoren sind auf der 20-kV-Seite kuppelbar. Das Umspannwerk EVU6 ist über einen 110-kV-Doppelstich über das Umspannwerk EVUX3 an das Übertragungsnetz angeschlossen.

4.2.3.1 Last-Analyse des Ist-Netzes

Die Abb. 4.17 zeigt das 20-kV-Netz des Umspannwerks EVU6. Das Netzgebiet umfasst eine Stromkreislänge von rund 408 km, die sich in 244 km Freileitung und rund 164 km Kabel aufteilt. Dies ist charakteristisch für ein Verteilnetz im ländlichen Bereich, in dem viele örtlich vereinzelte Lasten versorgt werden müssen. Aus Abb. 4.4 ist bereits deutlich ersichtlich, dass sich ähnlich wie für das Umspannwerk EVU2 quer durch das Netzgebiet von EVU6 die Autobahn erstreckt. Dies ist insbesondere im Hinblick auf neue mögliche PV-Freiflächenanlagen entlang der Autobahn interessant.

Die Einspeiseleistung der REA in diesem Netzabschnitt unterteilt sich entsprechend Tab. 4.7 und Abb. 4.18. Die installierten PV-Anlagen auf Dachflächen liegen bei etwa 38 MW. Hinzu kommen PV-Freiflächenanlagen mit 13 MW. WKA sind in einer Größenordnung von 4 MW installiert. Biomasse hat einen Anteil von 0,1 MW sowie 1,1 MW durch Blockheizkraftwerke.

In Tab. 4.8 sind die Leistungsflussdaten des Umspannwerks UW EVU6 aufgeführt. In diesem Fall wird auf die Betrachtung zukünftiger Ausbaustufen verzichtet.

Die beiden 110/20-kV-Transformatoren versorgen 24 MW Last im Schwachlastfall. Hohe PV-Einspeisung und Schwachlast sind für die Sommermonate typisch. Unbedingt

Tab. 4.7 Aufteilung der REA-Einspeisung im Netzgebiet des UW EVU6

	[MW]	In %
Wind	3,9	6,6
PV-MS	12,87	21,8
PV-NS	37,58	63,7
Bio	0,1	0,1
BHKW	1,1	1,9
SW T-Stadt	3,5	5,9
Gesamt	59	100

Tab. 4.8 Leistungsflussdaten 110/20-kV-UW EVU6 bei Schwachlast derzeit

Einspeisung [MW]	Last [MW]	Rückspeisung [MW]
59	24	−31,63

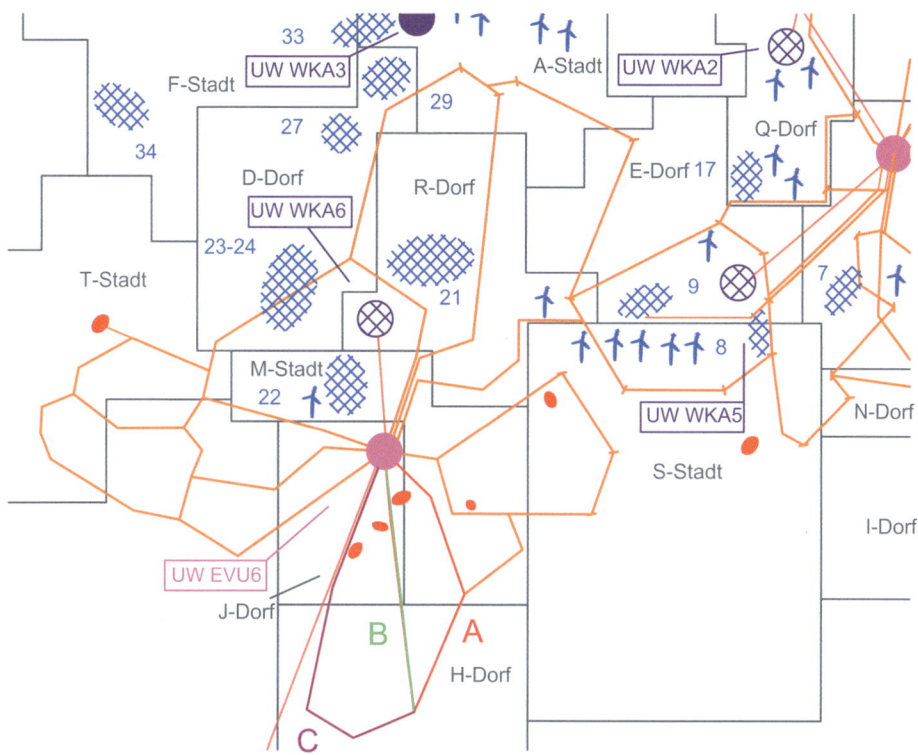

Abb. 4.17 20-kV-Netz des UW EVU6

ist die (n − 1)-Sicherheit der Lastversorgung, insbesondere auch nach dem REA-Anschluss, einzuhalten.

Die 110-kV-Rückspeisung im Schwachlastfall beträgt etwa 32 MW. (n − 1)-Sicherheit ist gerade noch gegeben. Strategische Reserven für den Anschluss von weiteren REA bei gleichzeitig (n − 1)-sicherer Lastversorgung sind nur gering vorhanden.

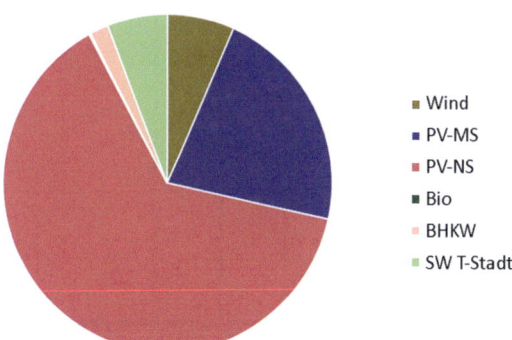

Abb. 4.18 Aufteilung der REA-Einspeisung im Netzgebiet des UW EVU 6

4.2.3.2 Struktur-Analyse des Ist-Netzes

Die Strukturanalyse erfolgt analog zu UW EVU2. Dabei werden wiederum die Kriterien hinsichtlich des einfachen Netzaufbaus und -betriebs berücksichtigt.

Die Abb. 4.19 zeigt den schematischen Aufbau des Erdschlussgebietes Nord-Ost. Drei Stränge verlaufen vom Umspannwerk EVU6 hin zur Schaltanlage in H-Dorf. Zudem wird die Versorgung des Stadtgebietes von M-Stadt über drei Stränge deutlich, die sich verzweigen, und weitere drei Stränge verbinden das Umspannwerk mit der Schaltanlage der Gegenstation bei S-Stadt.

Die Strukturanalyse und Planungsüberlegungen ergaben folgende Verbesserungsvorschläge, die vor allem den Bereich des Stadtnetzes in M-Stadt betreffen:

a. Stränge im Stadtgebiet M-Stadt gleichmäßiger belasten.
b. Ausbau eines Verknüpfungspunktes zu einer Schaltanlage bzw. Gegenstation.

Abb. 4.20 zeigt dazu einen Ausschnitt aus der Netzkarte. Die bestehende Konfiguration der drei Stränge, die M-Stadt versorgen, weist eine deutlich ungleiche Verteilung an 20/0,4-kV-Stationen auf. Die Stränge sind jeweils mit 21, 5 und 15 Stationen belastet. Es ist deutlich zu erkennen, dass der Strang B sehr kurz ist und nur mit 5 Stationen belastet ist, am Strang A hängen hingegen 15 Stationen und am Strang C weitere 21. Eine gleichmäßigere Aufteilung durch die Einführung neuer Trennstellen führt zu einer besseren Auslastung des Netzes und erhöht die Netzreserven für den REA-Anschluss. Auf der rechten Seite der Abb. 4.20 sind die neu gebildeten Stränge zu erkennen. Die Belastung des Stranges C hat sich durch diese Maßnahme auf 13 Stationen reduziert. Der Strang A wurde so beibehalten und ist weiterhin mit 15 Stationen belastet. Im Strang B hat sich die Anzahl der Stationen auf 13 erhöht. Zur besseren Handhabung und Erhöhung der Ver-

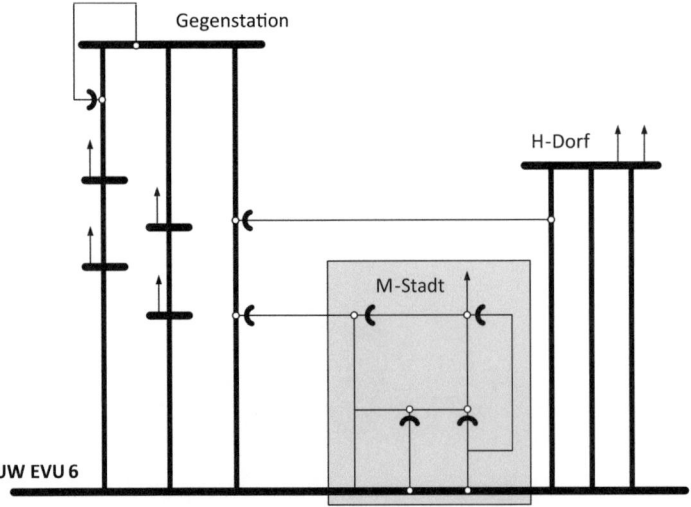

Abb. 4.19 Schematische Darstellung des Erdschlussgebietes Nord-Ost

4.2 EVU-Netzanalyse und EVU-Netzplanung

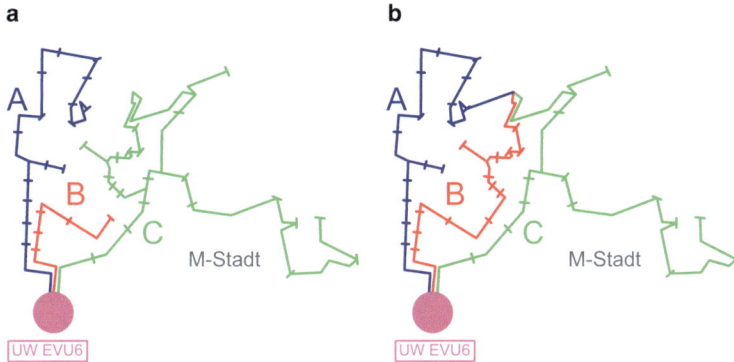

Abb. 4.20 Lageorientierte Darstellung der Stränge A, B und C von UW EVU6, bestehende Netzstruktur (**a**), verbesserte Netzstruktur (**b**)

sorgungszuverlässigkeit wäre es sinnvoll den Verknüpfungspunkt, an dem alle Stränge zusammen treffen, zu einer Schaltanlage als Gegenstation auszubauen. Die Gegenstation kann auch als „Keimzelle" für einen weiteren Netzausbau hinsichtlich der Anbindung von REA dienen.

Die vorliegende Struktur ist dennoch klar und übersichtlich. Damit kann das bestehende EVU-Netz des Erdschlussgebietes Nord-Ost als Ziel-Netz bestätigt werden.

Das Erdschlussgebiet Süd-West ist in Abb. 4.21 dargestellt. Auf die Darstellung vereinzelter Stichverbindungen wird verzichtet. Die entsprechenden Netztrennstellen sind gekennzeichnet. Deutlich ersichtlich sind die beiden direkten Strangverbindungen zwi-

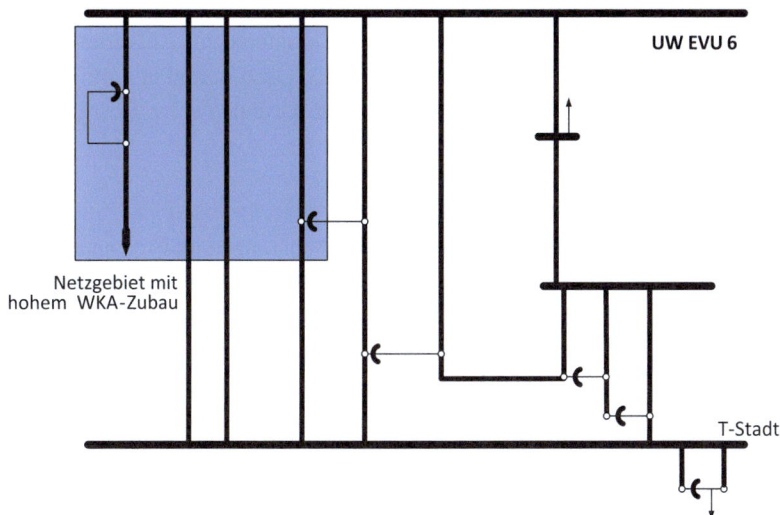

Abb. 4.21 Schematische Darstellung des Erdschlussgebietes Süd-West

schen dem Umspannwerk EVU6 und der Schaltanlage bei T-Stadt, hierbei handelt es sich um zwei Speisekabel ohne Zwischenstationen für Lasten oder Einspeisungen. Diese wurden aufgrund eines 4 MW-Solarparks bei T-Stadt notwendig.

Auch hier ist die vorliegende Struktur klar und übersichtlich. Weitere Verbesserungen hinsichtlich Netzreserven sind durch reine Strukturveränderungen nicht zu erreichen. Damit kann das bestehende EVU-Netz des Erdschlussgebietes Süd-West als Ziel-Netz bestätigt werden.

▶ Weitere strategische Netzplanungsmaßnahmen für das EVU-Netz UW EVU6 sind nicht notwendig.

4.2.4 EVU-Netzplanung – Operative REA-Anschlussplanung

Eine strategische EVU-Netzplanung ist, wie im vorherigen Kapitel erwähnt, nicht notwendig. Zur Untermauerung der Dualen Planungsmethodik sollen im Folgenden Szenarien der operativen REA-Anschlussplanung unter Einhaltung der BDEW-Anschlussbedingungen aufgezeigt werden /4.8/.

Gemäß der derzeitigen Praxis werden für den Netzanschluss von REA nächstliegend mögliche Anschlusspunkte gesucht und Netzberechnungen durchgeführt. Dabei wird die Einhaltung der BDEW-Anschlussbedingungen überprüft. Sobald der nächstbeste Anschlusspunkt mittels Netzberechnung verifiziert ist, ist die Planung abgeschlossen und der Anschluss kann erfolgen. Die Erfahrungen jedoch zeigen, dass diese Vorgehensweise kein zielführender Ansatz ist. Im vorliegenden Abschnitt wird gezeigt werden, welche Probleme sich bei einer solchen Vorgehensweise ergeben und welche Kompromisse beispielsweise in der Verlegung unüblich großer Kabelhäufungen zielführender sind. Dazu wird im Folgenden der Anschluss von PV-Anlagen untersucht. Außerdem wird jeweils der Schwachlastfall betrachtet. Dabei ist die Last vor Ort minimal und die überschüssige Energie muss – aus unverrückbaren physikalischen Gründen – ins übergeordnete Netz transportiert werden.

4.2.4.1 Anschluss PV

Als Grundlage für die Entwicklung der PV-Freiflächenanlagen im Einzugsgebiet des Umspannwerkes EVU6 werden die Daten der Stadt M-Stadt und den Gemeinden R-Dorf, J-Dorf und D-Dorf herangezogen. Die PV-Aufstellungsorte konzentrieren sich entlang der Autobahn. In Summe ist hier ein Potential an Primärflächen sowie Sekundärflächen von 37 MW vorhanden. Bei einer Realisierungswahrscheinlichkeit von 40 % ergeben sich etwa 14 MW. Die Abb. 4.22 zeigt hierzu einen lageorientierten Ausschnitt aus der Netzkarte mit der geographischen Umgebung. Die Autobahn verläuft hier ähnlich dem Netzgebiet L-Stadt von Südwest nach Nordost. Die in Abb. 4.22 ausgefüllt markierten PV-Freiflächenanlagen nahe der Autobahn sind bereits installiert.

4.2 EVU-Netzanalyse und EVU-Netzplanung

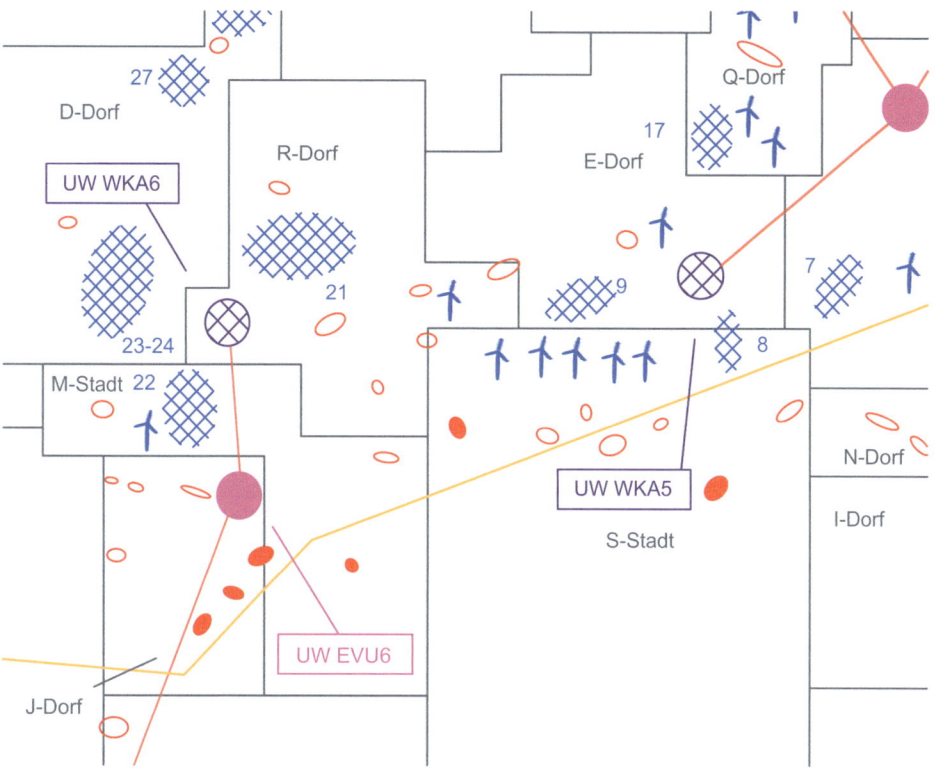

Abb. 4.22 Netzausschnitt PV-Freiflächenanlagen entlang der Autobahn (*gelb*)

Die nicht ausgefüllten Markierungen symbolisieren potentielle Gebiete für die Nutzung mit Photovoltaik. Aufgrund der Realisierungswahrscheinlichkeit werden einige dieser Anlagen wegfallen. Daher werden im Weiteren nur die unmittelbar an der Autobahn gelegenen Anlagen berücksichtigt.

Zunächst wird versucht die PV-Freiflächenanlagen an das Netz anzuschließen. Die Abb. 4.23 zeigt einen Ausschnitt des betroffenen Netzgebietes. Die Stränge A, B und C sind Gegenstand der folgenden Störfalluntersuchung. Die Stränge werden jeweils mit einer zusätzlichen PV-Anlagen belastet, Strang A mit 5,5 MW in Summe, Strang B mit 1,4 MW und Strang C mit 5 MW. Für Strang C wurde dieser Anschlusspunkt gewählt und nicht der am nächsten liegende, da dort die Anschlussbedingungen für diese 5 MW Freiflächenanlage nicht erfüllt sind (Spannungsbandverletzung).

Aufgrund der vorliegenden drei Stränge, die ohne Trennstellen betrieben werden, sind die Anschlussbedingungen für die drei hypothetischen neuen Anlagen ohne weiteres erfüllbar. Nach der Einbindung dieser neuen Anlagen erhöht sich die Auslastung der drei Stränge hin zum Umspannwerk, die Leistungsflussrichtung bleibt gleich.

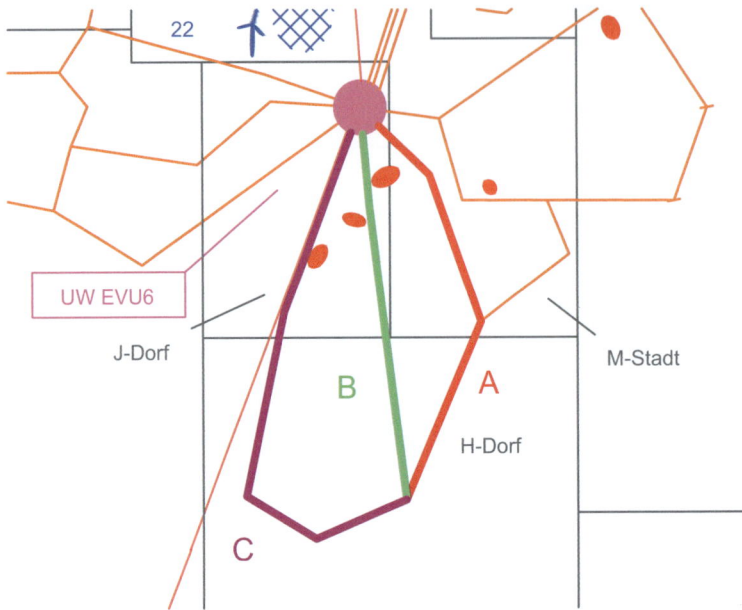

Abb. 4.23 Lageorientierte Darstellung der drei Stränge von M-Stadt nach H-Dorf

Die im Weiteren behandelten Störfälle zeigen auf, wie sich die erhöhte Einspeisung durch Photovoltaik auf die Auslastung der drei Stränge auswirkt. Störfallrechnungen gehören zu den wesentlichen Arbeitsschritten jeder Netzplanung.

4.2.4.2 Störfall 1: Ausfall Strang B

Abb. 4.24 zeigt den Ausfall des Stranges B aufgrund eines Kabelfehlers nahe dem UW EVU6. Die Stränge sind in der Station H-Dorf verbunden. Der am schwächsten ausgelastet Strang B wird am Umspannwerk EVU6 unterbrochen. Ein Leistungsüberschuss auf Strang B muss daher über Strang A und C zum UW EVU6 transportiert werden. Dadurch ergeben sich die Auslastungen wie in Abb. 4.24 dargestellt. Die verbleibenden Stränge werden über 85 % ausgelastet. Dies kann insbesondere in UW-Nähe und der zu erwarteten Kabelhäufung zu einer unzulässigen Auslastung führen, und ist gesondert zu überprüfen. Das Belastungsszenario in 10 Jahren verschärft die Auslastungssituation. Von einer detaillierten Betrachtung dieses Falls wird hier abgesehen.

4.2.4.3 Störfall 2: Ausfall Strang A

Abb. 4.25 zeigt den Ausfall des Stranges A aufgrund eines Kabelfehlers nahe dem UW EVU6. Der Strang A wird am Umspannwerk EVU6 unterbrochen. Ein Leistungsüberschuss auf Strang A muss jetzt über Strang B und C zum UW EVU6 transportiert werden. Dadurch ergeben sich die Auslastungen in Abb. 4.25. Die verbleibenden Stränge werden ungleichmäßig ausgelastet. Die Auslastung in Strang C steigt auf einen kritischen Wert von 95 %.

4.2 EVU-Netzanalyse und EVU-Netzplanung

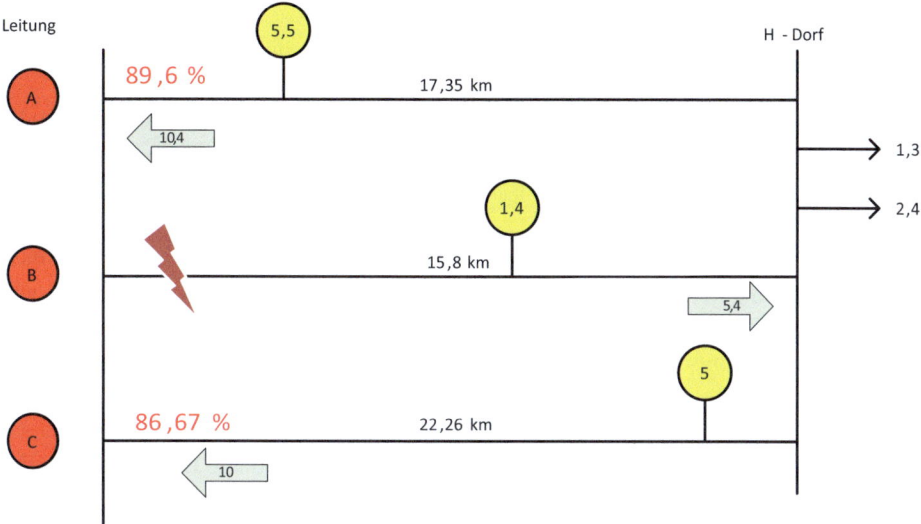

Abb. 4.24 Lastflussergebnisse – Störfallrechnung 1, Ausfall Strang B mit PV-Freiflächenanlagen und Schwachlast

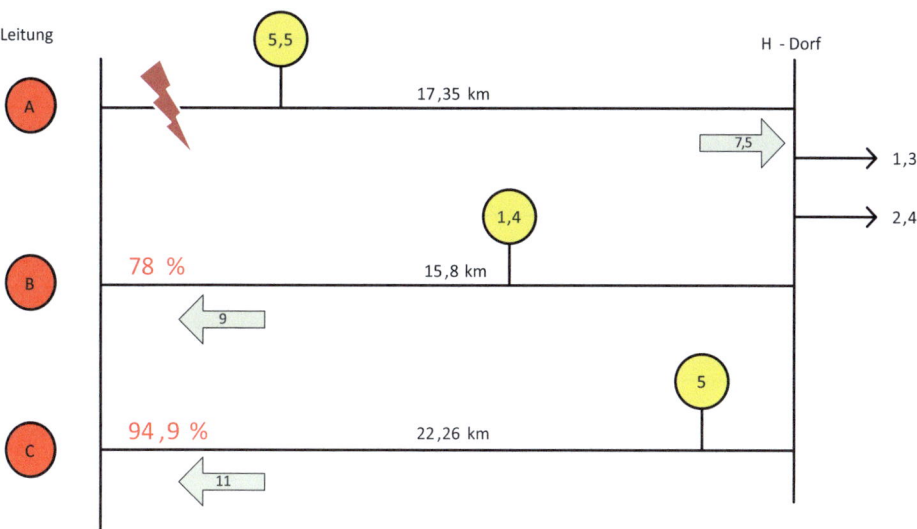

Abb. 4.25 Lastflussergebnisse – Störfallrechnung 2, Ausfall Strang B mit PV-Freiflächenanlagen und Schwachlast

4.2.4.4 Störfall 3: Ausfall Strang C

Die Abb. 4.26 zeigt die Lastflussergebnisse zu Störfall 3. Auch hier werden kritische Belastungen von bis zu 97 % im Strang A erreicht.

Die Untersuchungen zum operativen Anschluss der PV-Freiflächenanlagen sowie die Störfallrechnungen zeigen, dass die geforderte (n − 1)-Sicherheit im EVU-Netz des UW EVU6 gefährdet ist, wenngleich die BDEW-Anschlussbedingungen knapp erfüllt sind /4.8/.

Als Schlussfolgerung kann festgehalten werden, dass mögliche Reserven hinsichtlich Übertragungsfähigkeit und Versorgungsqualität im bestehenden 20-kV-EVU-Netz ausschließlich für den PV-Anschluss zu nutzen sind. Die geringe flächenbezogene Energiedichte und die technisch begrenzten Anschlussmöglichkeiten von PV auf Dachflächen untermauern diese Empfehlung.

WKA sollten aus dem 20-kV-EVU-Netz ferngehalten werden. Der Anschluss hat separat mit eigenem UW ins Übertragungsnetz zu erfolgen. Der höhere Belastungsgrad der Windkraft gegenüber der Photovoltaik rechtfertigt zudem den kurzfristig höheren Investitionsaufwand. Mittel- und langfristig wird diese Lösung rentabler und sicherer sein.

▶ Das entsprechende Vorgehen zum WKA-Anschluss ist in Abschn. 4.4 dargelegt.

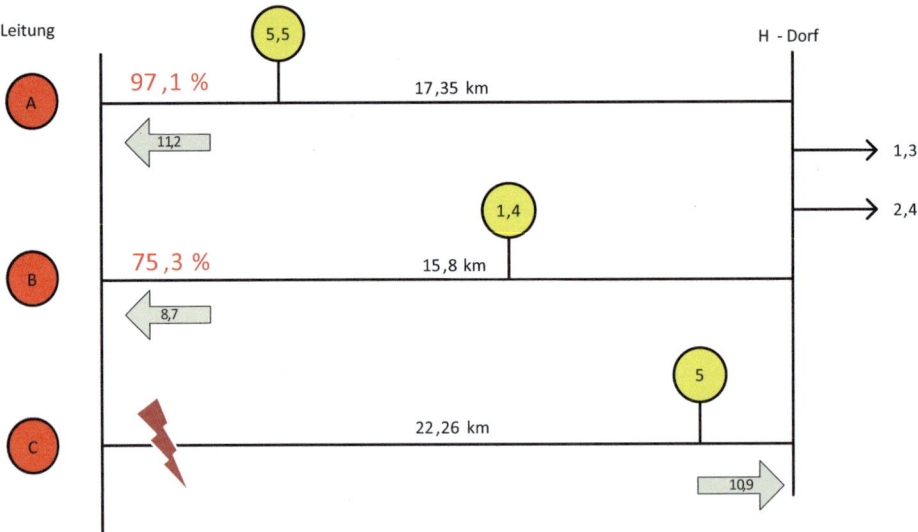

Abb. 4.26 Lastflussergebnisse – Störfallrechnung 3, Ausfall Strang B mit PV-Freiflächenanlagen und Schwachlast

4.3 REA-Einspeisenetzplanung

Die REA-Einspeisenetzplanung wird getrennt von der EVU-Netzplanung durchgeführt. Es gelten dort eigene Kriterien der Netzgestaltung. Beispielsweise ist eine $(n-0)$-Sicherheit ausreichend. Der Aufwand an Leistungsschalter und Verbindungsleitungen ist entsprechend geringer als im EVU-Netz.

Ohne Angaben über die genaue Anzahl und Aufstellungsorte der geplanten WKA kann eine detaillierte Einspeisenetzplanung nicht durchgeführt werden. An dieser Stelle können nur prinzipielle Überlegungen zur Bündelung der WKA und Wahl der Spannungsebene dargelegt werden. Beispiele für die strukturelle Gestaltung von Einspeisenetzen sind dem Abschn. 3.3.3 zu entnehmen.

Die Bildung der WKA-Einspeisenetze sollte nur Anlagen berücksichtigen, die in einem Bereich von maximal einigen Kilometern zusammen stehen. Das Umspannwerk sollte im Zentrum dieser Anlagen aufgestellt sein, damit die Verbindungen zu den Einzelanlagen möglichst kurz gehalten werden. Dies verringert die Übertragungsverluste hin zum Umspannwerk. Häufig werden nämlich bestehende Umspannwerke ausgebaut und längere Verbindungsstrecken zwischen den Anlagen und dem Umspannwerk in Kauf genommen. Darüber hinaus ist die Erhöhung der Übertragungsfähigkeit bestehender Transformatoren im Umspannwerk mit zusätzlicher Luftkühlung üblich. Bei einem weiteren Anstieg der REA-Einspeisung sind oft schnell weitere kurzfristige Ausbaumaßnahmen und Investitionen nötig, die durch einen Neubau eines Umspannwerkes im Vorfeld hätten vermieden werden können.

Da die Übertragungsfähigkeit von Betriebsmitteln aufgrund physikalischer Gesetze begrenzt ist, muss die erforderlich werdende höhere Übertragungsfähigkeit mit höheren Spannungsebenen sichergestellt werden. Falls das REA-Einspeisenetz beispielsweise mit einer vorgegebenen Spannungsebene von 20-kV die Leistung nicht wirtschaftlich übertragen kann, sollte über die nächsthöhere Spannungsebene, beispielsweise 33 kV nachgedacht werden. Bei dem Neubau von Umspannwerken wäre eine entsprechende Umspannung von 110 kV auf 33 kV vorzusehen.

4.4 EVU/REA-Anschluss- und Ausbauplanung

Der Abschn. 4.4 gliedert sich in die EVU/REA-Anschlussplanung und die EVU/REA-Ausbauplanung. Die EVU/REA-Anschlussplanung in Abschn. 4.4.1 erstellt ein ganzheitliches Anbindungskonzept der WKA im gesamten Modelllandkreis. Aufgrund der Größenordnung der gesamten WKA-Anschlussleistung sind auch Netzplanungsmaßnahmen in der übergeordneten Spannungsebene notwendig. Dazu sind in Abschn. 4.4.2 Vorschläge zum Netzausbau der 110-kV-Spannungsebene ausgearbeitet.

4.4.1 EVU/REA-Anschlussplanung

Die EVU/REA-Anschlussplanung betrachtet geographisch zusammenhängende Windkraftstandorte und ermittelt die geeignete Lage für ein neues Umspannwerk zur Einspeisung in das 110-kV-Netz. Dieses Vorgehen basiert auf der geographischen Verteilung in Abb. 4.3 und der Ausbauerwartungen der Windkraftleistung nach den unterschiedlichen Gemeinden aus Tab. 4.3. Dazu werden auch die Realisierungswahrscheinlichkeiten berücksichtigt, um eine Überdimensionierung der Betriebsmittel zu vermeiden.

Da die Daten der WKA nach Gemeinden aufgeschlüsselt sind (siehe Tab. 4.3), werden auch die einzelnen Planungsansätze daran ausgerichtet und die genaue geographische Lage mit Hilfe des Regionalplans und einem 110-kV- und 20-kV-Netzplan des Modelllandkreises ermittelt.

Der Zeitpunkt der Realisierung der Umspannwerke hängt von der Umsetzung des jeweiligen WKA-Zubaus ab. Bei der Ausarbeitung der Netzausbaustufen sollte das Ausbau-Ziel-Netz berücksichtig werden. Beispielsweise ist die Mit-Verlegung von Leerrohren zu empfehlen. So können aufwendige nachträgliche Grabarbeiten vermieden werden. Es empfiehlt sich, die Planungsarbeiten sehr sorgfältig durchzuführen, wie zum Beispiel die Abschätzung der zukünftigen Kabel-Querschnitte, da bei Fehleinschätzungen hohe Nach-Investitionen erforderlich werden.

4.4.1.1 I-Dorf und C-Dorf

Für I-Dorf lässt sich aus Tab. 4.3 unter Berücksichtigung der Realisierungswahrscheinlichkeit eine Summe an erzeugter Windenergie im Endausbau von ca. 25 MW ermitteln. Davon sind die WKA-Vorranggebiete (WKA-VG) 2–5 aus dem „Regionalplan Windkraft" betroffen. Abb. 4.27 zeigt den entsprechenden Ausschnitt aus diesem Plan. Hieraus werden Lage und Abstand vom UW EVU1 zu den entsprechenden WKA-Vorranggebieten deutlich.

Des Weiteren werden noch die bestehenden Anlagen auf dem Gemeindegebiet von C-Dorf um das Windparkgebiet 5 berücksichtigt, da diese ins UW EVU1 einspeisen. Hier kommt man auf etwa 10,1 MW. Insgesamt ergeben sich dadurch etwa 35 MW an Windkraftleistung für das Gebiet. Diese Windkraftleistung erfordert die Planung eines neuen Umspannwerkes. Das geplante Umspannwerk wird an die bestehende 110-kV-Freileitung angeschlossen.

Für die problemlose Übertragung hoher Leistungen hinsichtlich Übertragungsfähigkeit und Spannungshaltung sowie minimaler Verluste wird der Aufbau eines 33-kV-Anschlussnetzes vorgeschlagen. Mit der Spannungsebene 33-kV kann bei gleichem Leiterquerschnitt etwa die 1,65-fache Leistung im Vergleich zu 20-kV übertragen werden (vgl. Tab. 4.2). Die 33-kV-Spannungsebene vermeidet den Einsatz von Kabeln mit unüblich großen Querschnitten insbesondere im Falle einer weiteren Erhöhung der WKA-Leistung. Zudem wird die Anzahl der Kabel reduziert werden. Daher ist bei einem größeren Zusammenschluss von Windkraftanlagen im Bereich von 40–70 MW oder mehr die 33-kV-Ebene mit einzubeziehen und das Umspannwerk mit mehreren 110/33-kV-Transfor-

4.4 EVU/REA-Anschluss- und Ausbauplanung

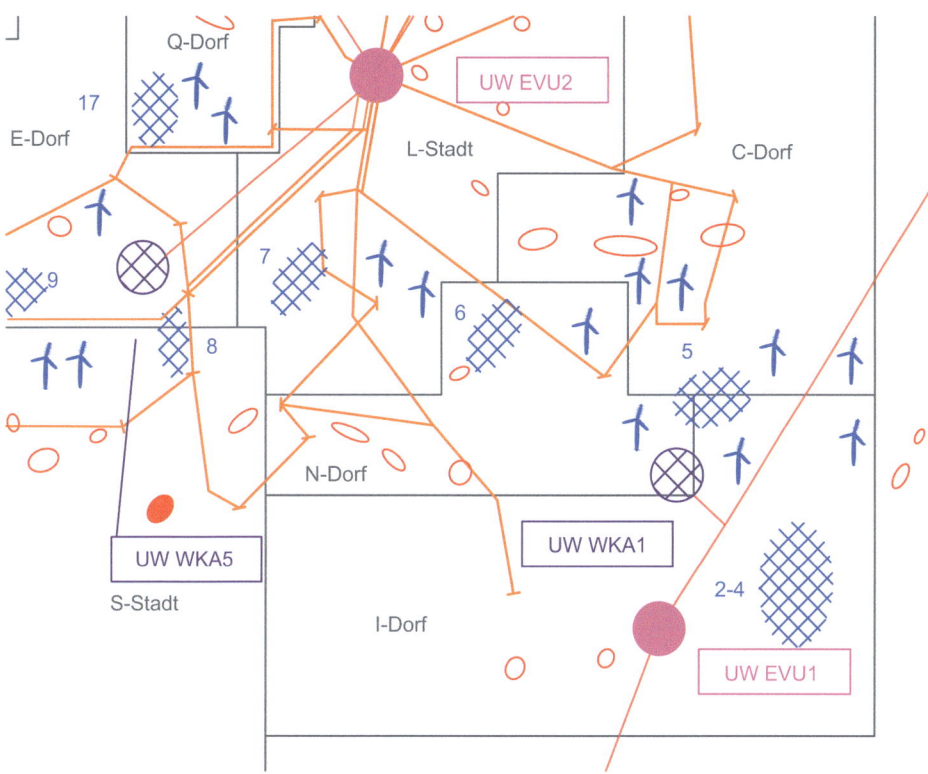

Abb. 4.27 Regionalplan Windkraft – Ausschnitt I-Dorf, N-Dorf u. C-Dorf

matoren zu dimensionieren. Es sei angemerkt, dass in konventionellen Großkraftwerken die Spannungsebene der Generatorzuleitungen bis Blocktransformator in einem Bereich von 10 bis 30-kV liegt. Vor diesem Hintergrund stellt der Vorschlag einer 33-kV-Ebene zur Anbindung großer Einspeisungen ans Übertragungsnetz keine unübliche Vorgehensweise dar.

Für die Ausbaustufe 1 werden etwa 11 MW aus den WKA-VG 2–4 entsprechend den bestehenden Anträgen der Windkraftanlagen zu Grunde gelegt. Die notwendigen Maßnahmen für den Anschluss wurden wie folgt geplant: Verlegung eines 33-kV-Kabels bis ins UW EVU1 und Aufstellung eines neuen 110/33-kV-Transformators. Kommen weitere Anlagen hinzu, kann der vorgeschlagene 110/33-kV-Transformator an den Standort des neuen Umspannwerkes verlagert werden. Am neuen Standort UW WKA1 kann dann ein Verknüpfungspunkt mit dem Hochspannungsnetz geplant werden.

Für die Ausbaustufe 2 werden zusätzlich 14 MW berücksichtigt, die sich aus dem WKA-Potential des Regionalplans ergeben. Die Einspeiseleistung von rund 25 MW (= 11 MW + 14 MW) erfordert die Errichtung eines Umspannwerkes, welches bereits als UW WKA1 in Abb. 4.27 eingezeichnet ist.

Der vorgeschlagene UW-Standort WKA1 liegt im Zentrum der WKA-VG 2–6. Zudem verläuft die Trasse der 110-kV-Doppelleitung von Nord nach Süd direkt zwischen den WKA-VG 2–4 und 5 hindurch. Das UW EVU2 kann, falls erforderlich, weiter entlastet werden, indem die bestehenden WKA der Gemeinde C-Dorf und die geplanten WKA im Gebiet 5 über das neue Umspannwerk ans Netz angebunden werden.

Die UW-Anbindung kann ähnlich dem bereits bestehenden UW WKA3 bei A-Stadt erfolgen. Da das Umspannwerk in unmittelbarer Nähe zur Freileitung liegt, ist keine 110-kV-Kabelverbindung nötig. Zur Realisierung muss ein Mast der 110-kV-Freileitung von einem Tragemast zu einem Abspannmast umgebaut werden, um die zusätzlichen Freileitungsseile zum Umspannwerk hin aufzunehmen. Da herkömmliche Tragemasten nur die Last der Leiterseile aufnehmen können und keine Querkräfte, ist hierzu ein neues Fundament und ein steiferer Mast nötig, ein so genannter Abspannmast.

4.4.1.2 E-Dorf, S-Stadt, Q-Dorf, N-Dorf und L-Stadt

Die Gemeinde E-Dorf und die Stadt S-Stadt werden zusammen betrachtet, da hier das WKA-VG 8 auf der Gemeindegrenze liegt. In diesem Bereich ist im Endausbau mit einer Gesamt-Einspeiseleistung von etwa 40 MW zu rechnen. Als Bestand sind dort 15,3 MW installiert.

Für die Ausbaustufe 1 werden bei Berücksichtigung der vorhandenen Anträge etwa 17 MW gerechnet, dazu zählen die bereits genehmigten Anlagen von 3,17 MW in S-Stadt. Die Ausbaustufe 2 beläuft sich dann auf die restlichen ca. 10 MW.

Abb. 4.3 zeigt die geographische Lage der beiden WKA-VG 8 und 9 zu den Umspannwerken. Die oben genannte Leistung von ca. 40 MW kann mittel- und langfristig nicht ohne weiteres an einem der benachbarten Umspannwerke angeschlossen werden. Das UW EVU2 ist schon nahe an der Kapazitätsgrenze auch aufgrund der bereits vorhandenen Windparks in E-Dorf und S-Stadt (in Summe 15,3 MW installierte Leistung) und scheidet daher aus, sowie UW EVU6 und UW EVU3, da diese weiter entfernt sind.

Die hohe Windparkleistung muss somit an ein neu zu errichtendes Umspannwerk angeschlossen werden. Bei der UW-Standortwahl und UW-Planung sollten zusätzlich noch die WKA-VG in Q-Dorf (17), in N-Dorf (6) und L-Stadt (7) mitberücksichtigt werden.

Im WKA-VG 17 der Gemeinde Q-Dorf lässt sich in Summe ein Bestand von 8,39 MW ermitteln. Innerhalb der Gemeinde L-Stadt ist ein Bestand von etwa 2 MW vorhanden. Zusätzlich kommen laut Anträgen etwa 38 MW an Windkraftleistung hinzu, diese beschränken sich vorerst auf die markierten Gebiete in Abb. 4.28. Hier sollen die bereits in Abschn. 4.2.2.1 erwähnten Anlagen der Stadtwerke L-Stadt und der privaten Betreiberfirma entstehen.

Die Gemeinde N-Dorf umfasst das Gebiet 6 und ist in Abb. 4.28 dargestellt. Sie hat einen WKA-Bestand von 8 MW. Im WKA-VG 6 ist mit einem Zuwachs von bereits genehmigten Anträgen in Höhe von 15,7 MW zu rechnen. Diese Gebiete können dann direkt an das neu vorgeschlagene Umspannwerk angeschlossen werden.

Damit ergibt sich für die Betrachtung der Gebiete 6, 7, 8, 9, 17 in Zukunft eine Gesamtleistung von etwa 113 MW.

4.4 EVU/REA-Anschluss- und Ausbauplanung

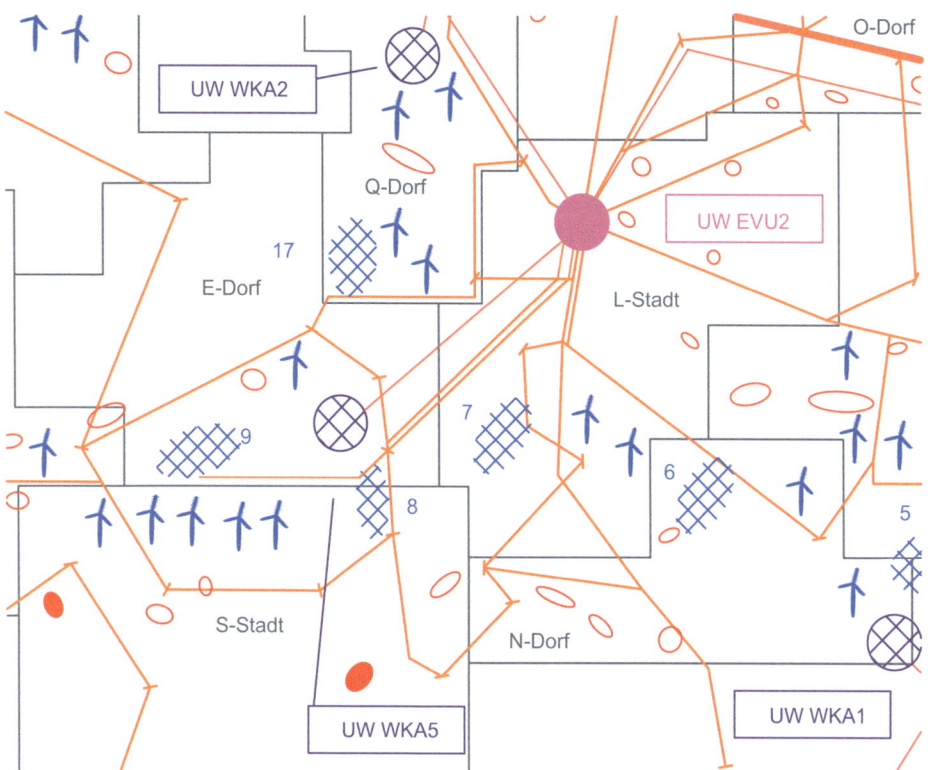

Abb. 4.28 Regionalplan Windkraft – E-Dorf, S-Stadt, Q-Dorf, N-Dorf u. L-Stadt

Als Standort für das neue Umspannwerk für UW WKA5 wird das Zentrum zwischen den WKA-VG 7, 8, 9 und 17 in Abb. 4.28 vorgeschlagen. Das UW liegt zentral zwischen den oben genannten WKA-VG und somit südwestlich von UW EVU2. Für dieses Umspannwerk wird die Struktur 2 aus Abb. 3.9 in Abschn. 3.3.3 vorgeschlagen.

Es werden zwei Ausbaustufen berücksichtigt. Als erste Ausbaustufe können die bereits bestehenden Anlagen bei WKA-VG 8 und 9 bei E-Dorf und S-Stadt angesehen werden, die zweite Ausbaustufe bilden die Anlagen östlich und westlich des neuen Umspannwerkes.

Der bestehende WKA-Anschluss im UW EVU2 zeigt, dass es bei der Verlegung von 20-kV-Kabeln in der Nähe des Umspannwerks zu einer Häufung von Kabeln im Verlegekanal käme. Aufgrund von Reduktionsfaktoren wird dadurch die Verlegung zusätzlicher Kabel nötig. Beispielhaft sei hier der bestehende Windpark auf der Seite von S-Stadt unterhalb des Gebietes 9 genannt, der 12,5 MW installierte Leistung über ein 630 mm^2 Kabel in das UW EVU2 überträgt, hinzu kommt eine Übertragungslänge von etwa 14 km.

Für die problemlose Übertragung hoher Leistungen hinsichtlich Übertragungsfähigkeit und Spannungshaltung sowie minimaler Verluste wird auch hier der Aufbau eines 33-kV-Anschlussnetzes vorgeschlagen.

Für die 110-kV-seitige Versorgung des UW WKA5 wird die Verlegung eines 110-kV-Kabels aus dem Umspannwerk EVU2 geplant. Dies kann als Einzel- oder Doppelstich erfolgen, wobei der Doppelstich eine erhöhte Zuverlässigkeit bietet. Die Entfernung beträgt in etwa 10 km. Falls die 110-kV-Anbindung aus dem UW EVU2 nicht umsetzbar ist, muss an das 110-kV-Netz anderen Orts angeschlossen werden.

Für einen späteren Ausbau ist generell zu empfehlen, zwei Kabel zu verlegen, da die Tiefbauarbeiten den größten Teil der Kosten ausmachen. Beide Varianten müssen gegenübergestellt und bewertet werden.

4.4.1.3 B-Dorf, K-Dorf und G-Stadt

Die WKA-VG 10, 11, 14, 15, 16 und 18 liegen innerhalb der Gemeinden B-Dorf, K-Dorf und der Stadt G-Stadt.

Innerhalb der Gemeinde B-Dorf, die die WKA-VG 10, 11, 14 und 15 umfasst, bestehen keine WKA-Anträge sowie Bestandsanlagen. Das WKA-Potential liegt bei etwa 14 MW. Das WKA-Potential der Gemeinde K-Dorf liegt in ähnlicher Größenordnung. Es beschränkt sich auf das WKA-VG 16.

Innerhalb der Fläche der Stadt G-Stadt befinden sich die WKA-VG 16 und 18. Entsprechend Tab. 4.3 besteht hier unter Berücksichtigung der Realisierungswahrscheinlichkeit ein zusätzliches WKA-Potential von 7 MW.

In Summe ergibt sich für den Zusammenschluss der oben genannten Gebiete eine erwartete WKA-Leistung von etwa 35 MW. Daher ist für diese WKA-VG ein Umspannwerk neu zu planen. Als UW-Standort wird exemplarisch das UW WKA2 in Abb. 4.29 vorgeschlagen. Die Entfernung zur 110-kV-Netzebene wird damit so kurz gehalten, dass keine Kabelverbindung zur 110-kV-Leitung erforderlich ist. Für den Anschluss genügt wiederum eine neue Mastkonstruktion.

Für die Einbindung des WKA-Gebietes 18 sind mehrere Varianten denkbar. Variante 1 sieht die Verlegung eines 33-kV-Anschlusskabels von 18 zum Gebiet 16 und dann die Einspeisung über ein neues Umspannwerk vor. Die zweite Variante sieht die direkte Anbindung an das 20-kV-Netz vor, solange die Leistung innerhalb der WKA-VG unter 5 MW bleibt. Als dritte Variante ist zu prüfen, ob ein Anschluss der Anlagen im Bereich 18 auf dem Gebiet des angrenzenden Landkreises im Norden am Netz eines anderen Netzbetreibers möglich ist und eventuell technische und wirtschaftliche Vorteile bringt.

4.4.1.4 D-Dorf, M-Stadt und R-Dorf

Innerhalb von D-Dorf liegen die WKA-VG 23, 24, 27 und 29. Die Gebiete 27 und 29 werden im Abschn. 4.4.1.5 gesondert betrachtet. Das WKA-Potential für 23 und 24 wird mit 7 MW angenommen. Bestandsanlagen und WKA-Anträge sind für diese Gemeinde noch nicht vorhanden.

4.4 EVU/REA-Anschluss- und Ausbauplanung

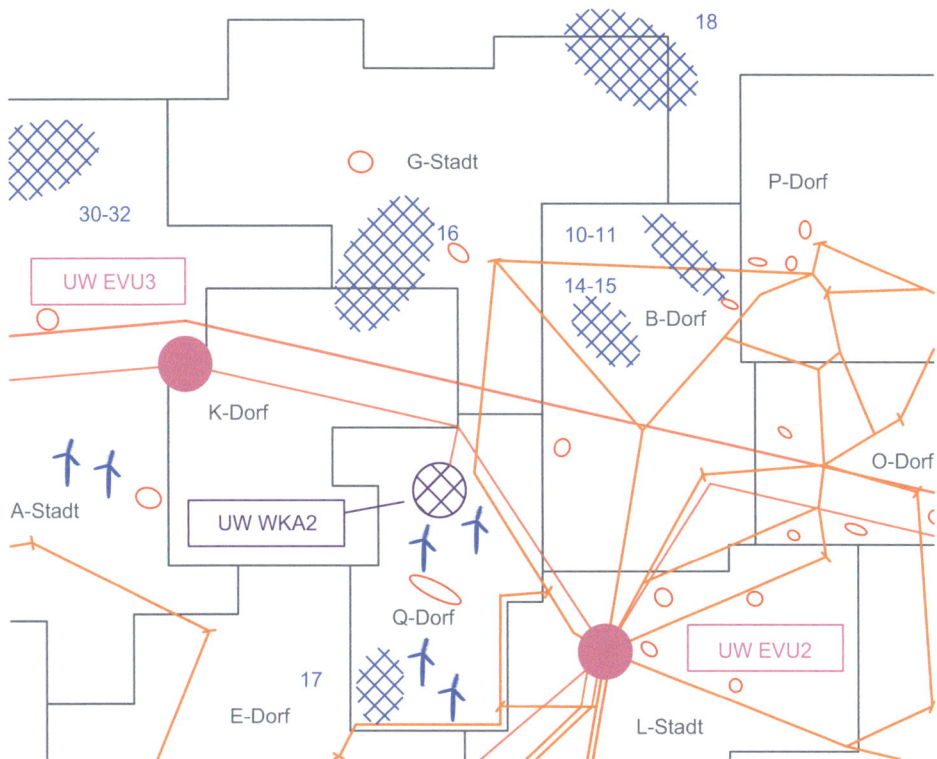

Abb. 4.29 Regionalplan Windkraft – Ausschnitt B-Dorf, K-Dorf u. G-Stadt

Die Stadt M-Stadt umfasst das WKA-VG 22 und hat eine Bestandsanlage mit 0,5 MW. Es liegt ein Bedarf von etwa 2,6 MW WKA-Leistung in Form von Anträgen vor und weitere 14 MW sind als zusätzliches Potential ausgewiesen.

Auf dem Gemeindegebiet von R-Dorf ist bereits eine Anlage mit 0,6 MW Bestand. Die WKA-Anträge umfassen etwa 14 MW und weiteres Potential besteht für rund 28 MW, diese betreffen das WKA-VG 21. Die Lage der einzelnen Gebiete ist in Abb. 4.30 zu sehen.

In Summe entfallen auf diese Bereiche im Endausbau rund 67 MW. Die Planung eines neuen Umspannwerkes ist dringend erforderlich. Als UW-Standort wird das UW WKA6 in Abb. 4.30 vorgeschlagen. Das UW liegt in der Mitte der betrachteten WKA-Gebiete. Aufgrund der Lage und Leistung der WKA wird der Aufbau eines 33-kV-Netzes vorgeschlagen. Für die Einbindung des neuen 110/33-kV-Umspannwerkes wird eine 110-kV-Verbindung zum UW EVU6 vorgeschlagen.

Der Anschluss der ersten Anlagen, beispielsweise Windparkgebiet 22, beginnt mit der Verlegung von 33-kV-Kabeln zum UW EVU6. Im UW EVU6 wird für die ersten Anlagen ein eigener 110/33-kV-Transformator aufgestellt. Dieser Transformator wird später,

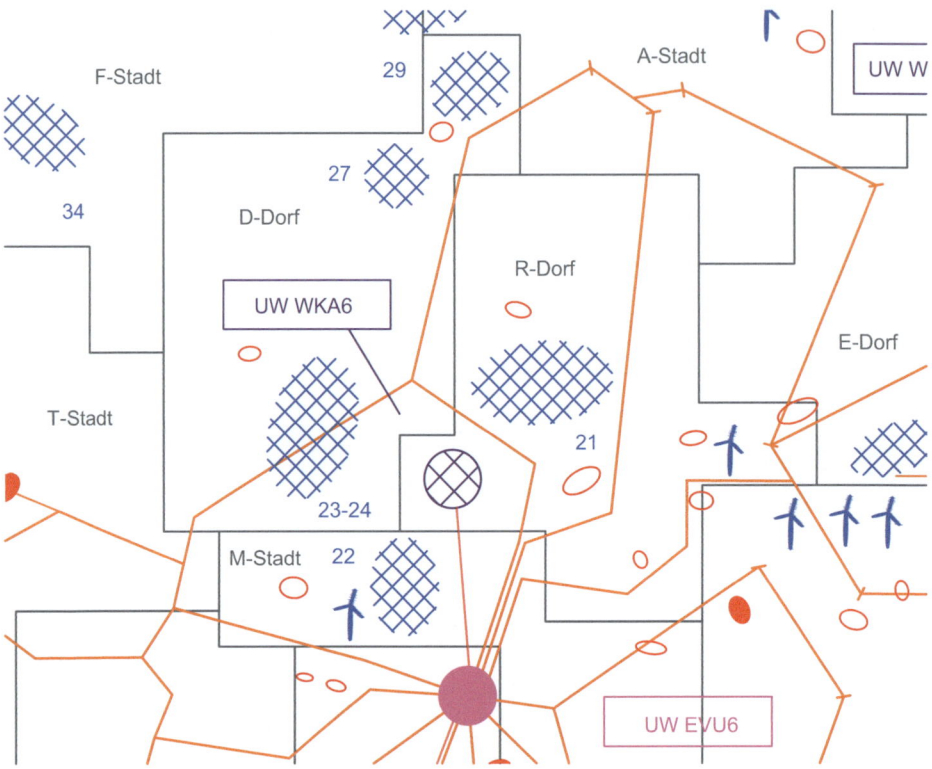

Abb. 4.30 Regionalplan Windkraft – Ausschnitt D-Dorf, M-Stadt u. R-Dorf

entsprechend dem Fortgang der WKA-Installation, an den Standort des neuen Umspannwerkes verlagert. Bei den Tiefbauarbeiten sind Leerrohre oder auch 110-kV-Kabel mit zu verlegen.

Die 110-kV-seitige Anbindung des neuen Umspannwerkes kann mit Hilfe eines Stiches aus dem Umspannwerk EVU6 erfolgen. Die Länge der Verbindung beträgt etwa 5 km. Ein Doppelstich erhöht die Zuverlässigkeit und ist oft wirtschaftlich, da die Tiefbaumaßnahmen den größten Teil des finanziellen Aufwandes ausmachen.

4.4.1.5 D-Dorf, A-Stadt und F-Stadt

Für D-Dorf werden die WKA-VG 27 und 29 betrachtet. Dort ist ein WKA-Potential von etwa 7 MW vorhanden.

Die Stadt A-Stadt umfasst die WKA-VG 30, 31, 32 und 33. Es ist bereits eine installierte WKA-Leistung von 21,52 MW vorhanden. Etwa 20 MW werden über ein neues Umspannwerk bei A-Stadt (UW WKA3) in das 110-kV-Netz eingespeist. Dieses Umspannwerk gehört zur Anschlussanlage des Windparkbetreibers. Die WKA-Anträge liegen in einer Höhe von etwa 3 MW und das WKA-Potential, hauptsächlich im WKA-VG 32, wird auf etwa 14 MW geschätzt.

4.4 EVU/REA-Anschluss- und Ausbauplanung

Es ist zu beachten, dass das WKA-VG 33 teilweise zu F-Stadt gehört. Es wird daher nur rund ein Drittel, der für das Gebiet der Stadt F-Stadt vorliegenden Anträge angenommen. Dies entspricht in etwa 4,3 MW.

In Summe ergibt sich eine zukünftige Einspeiseleistung von etwa 50 MW.

Die geographische Lage der betrachteten WKA-VG ist in Abb. 4.31 gezeigt. Das größte Gebiet liegt im Norden der Stadt A-Stadt an der Landkreisgrenze. Die übrigen Bereiche liegen in der Nähe bereits bestehender Anlagen. Für eine mittel- und langfristige Gestaltung des Anschlussnetzes in dieser Region ist ein erster Schritt mit dem neuen Umspannwerk WKA3 bei A-Stadt getan. Dieses besitzt bereits eine höhere Kapazität als für die vorhandenen WKA notwendig. Es besteht die Möglichkeit diesen Anschlusspunkt auch für andere Windparkbetreiber zu nutzen oder ein weiteres neues Umspannwerk zu errichten. Die Lage des neuen Umspannwerkes sollte weiter nördlich sein und könnte ähnlich wie das Umspannwerk WKA3 bei A-Stadt an die 110-kV-Trasse zwischen UW EVU3 und UW EVU4 angeschlossen werden.

Fast alle diese Gebiete liegen in unmittelbarer Nähe zur Trasse der 110-kV-Leitung. Ein neues Umspannwerk kann dicht an der 110-kV-Leitung aufgestellt werden. Es sind

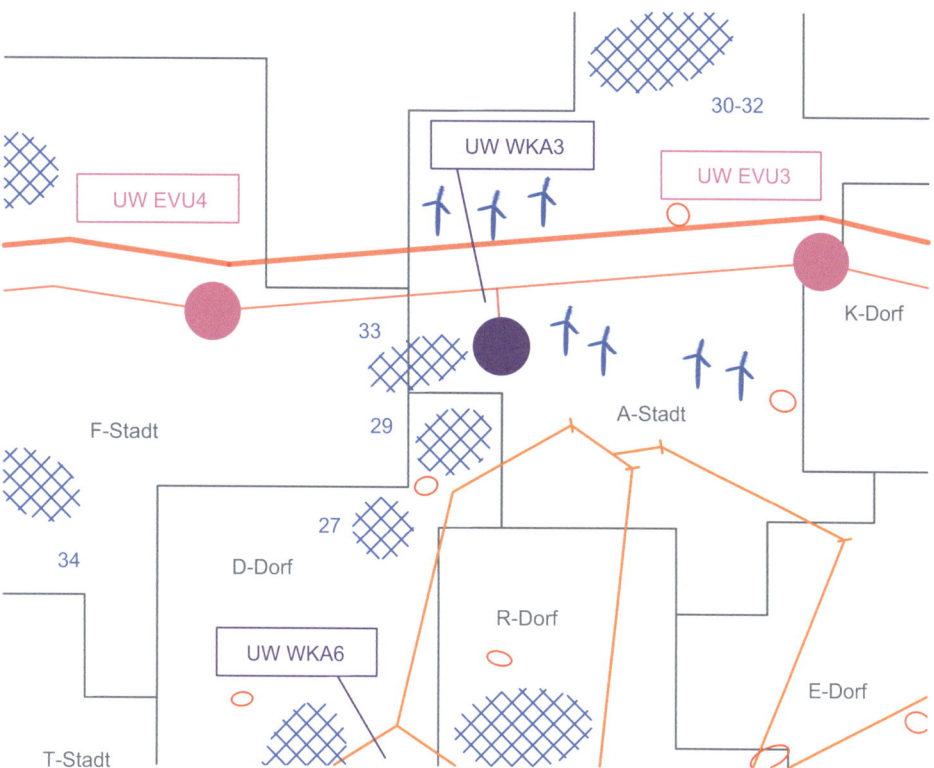

Abb. 4.31 Regionalplan Windkraft – Ausschnitt D-Dorf, A-Stadt u. F-Stadt

keine neuen 110-kV-Kabelstrecken notwendig. Der Anschluss der Windkraftanlagen an das Umspannwerk sollte bei neuen Anlagen mit Hilfe von 33-kV-Kabeln realisiert werden, um die Verluste insbesondere bei der Übertragung der Leistung aus dem WKA-VG 30–32 gering zu halten.

Für das WKA-VG 30–32 ist zusätzlich zu untersuchen, ob ein Anschluss nördlich des Gebietes mit dem Netz des dortigen Verteilnetzbetreibers deutlich besser zu realisieren ist, da sonst verschiedene Flüsse unter- oder überquert werden müssen.

4.4.1.6 F-Stadt

In der Stadt F-Stadt liegen die WKA-VG 34 und 35. Dort liegen die Anträge für WKA bei ca. 9 MW. Zusätzliches Potential wird nicht benannt. In Abb. 4.32 lässt sich die geographische Lage und die Entfernung der beiden Gebiete zu den UW EVU4 und UW EVU5 erkennen (letzteres liegt im Nachbarlandkreis). Aufgrund der etwa gleichen Größe der beiden Gebiete kann eine Aufteilung der Leistung mit jeweils der Hälfte angenommen werden und es ist möglich die Leistung dieser Gebiete einzeln in ein Umspannwerk zu übertragen. Dies sollte mit 20-kV-Kabeln geschehen, damit diese direkt an die UW-Sam-

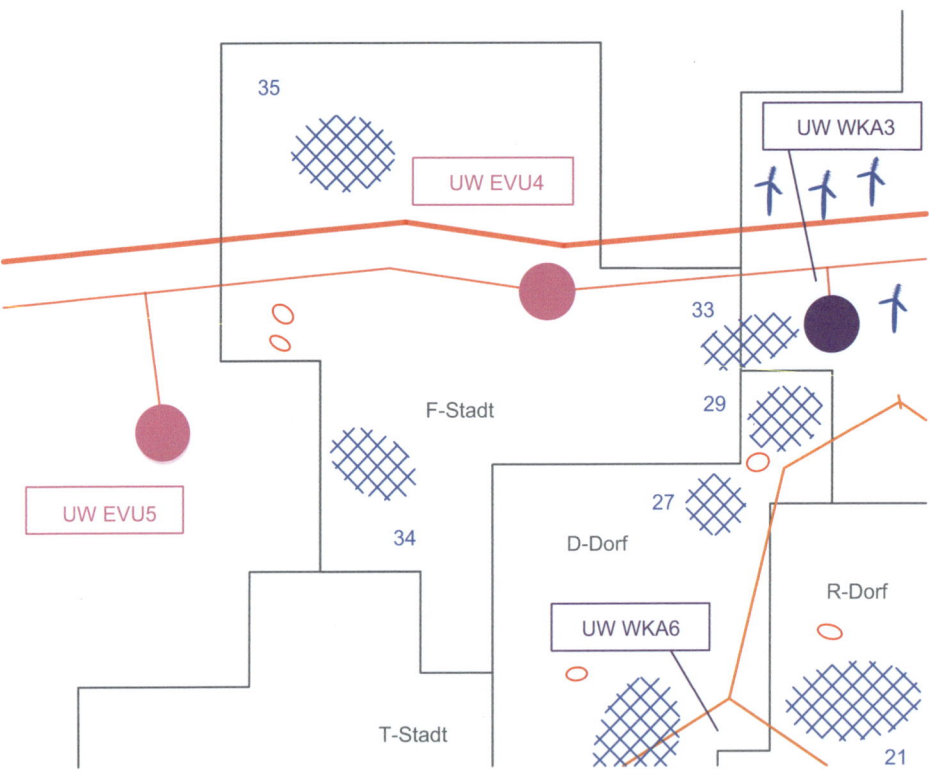

Abb. 4.32 Regionalplan Windkraft – Ausschnitt F-Stadt

4.4 EVU/REA-Anschluss- und Ausbauplanung

melschiene angeschlossen werden können. Eine direkte Einbindung in das bestehende Netz ist für Leistungen bis zu 5 MW pro Gebiet ebenfalls möglich, falls sich durch Netzberechnungen ein Anschlusspunkt verifizieren lässt. Die Lage der WKA-VG im Vergleich zum Netz ist ebenso gezeigt. Bei der Betrachtung des Gebietes 35 sollte untersucht werden, ob ein Anschluss im Bereich des benachbarten Verteilnetzbetreibers günstiger ist.

4.4.1.7 Anschlusskonzepte

Abschließend zur Anschlussplanung seien noch mögliche Konzepte für den 110-kV-Anschluss der neuen Umspannwerke zur WKA-Einspeisung angegeben. Dies kann in zwei Varianten erfolgen:

- in Form eines Dreibeines bzw. Stiches oder
- Anschluss über Umspannwerk.

Ein Anschluss in Form eines Dreibeines oder Stiches erfordert eine sorgfältige Untersuchung des Netzschutzes. Abhängig von Schutzkoordination und Schutzsystem können Probleme bei der selektiven Fehlerklärung auftreten. Abb. 4.33 zeigt schematisch den Anschluss eines neuen UW WKA über einen Stich an eine bestehende 110-kV-Leitung. Üblicherweise sind Distanzschutzgeräte vorgesehen. Diese werden mit A, B und C bezeichnet. Der Dreibein-Anschluss stellt im ersten Ansatz immer die einfachste und kostengünstigste Variante dar.

Unabhängig vom Schutzsystem muss bei Fehler auf der Verbindungsleitung vom Knotenpunkt zum UW WKA immer die 110-kV-Leitung vollständig abgeschaltet werden. Fehlerhafte Schutzkoordination kann dazu führen, dass auch bei Fehler im WKA-Einspeisenetz die 110-kV-Leitung vollständig ausfällt. Dies muss bei Ausfallrechnungen und der Überprüfung der (n − 1)-Sicherheit berücksichtigt werden.

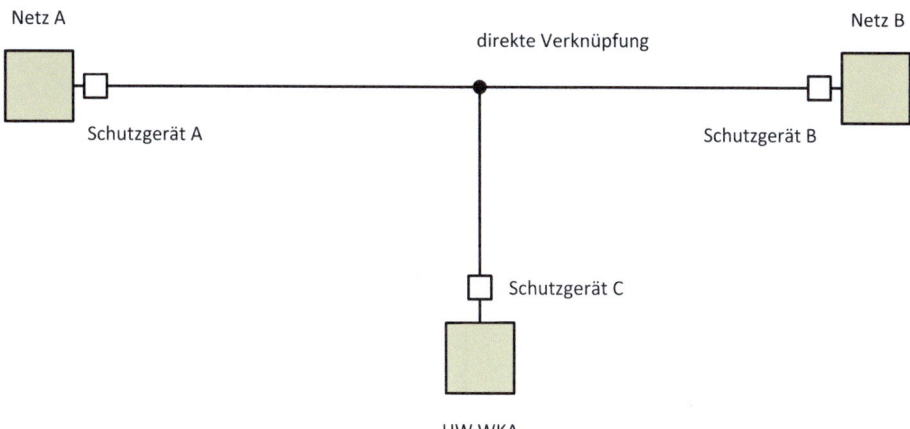

Abb. 4.33 Anschlusskonzept: Dreibein

Ist, wie üblich, Distanzschutz eingesetzt, sind Einschränkungen hinsichtlich der Schutzreichweite und der Auslösezeit zu erwarten. Fehler auf der 110-kV-Leitung können nur verzögert abgeschaltet werden und stören so die Schutzkoordination des gesamten 110-kV-Netzes. Dieses Problem kann durch die Einführung von unter- oder überreichenden Signalvergleichsverfahren oder durch einen mehrbeinigen Stromdifferentialschutz gelöst werden. Generell werden bei REA-Anschluss immer großräumige und automatisierte Netzschutzüberprüfungen (Protection Security Assessment Study) empfohlen, um den umfassenden Problemen hierbei gerecht zu werden /4.9/, /4.10/, /4.11/, /4.12/, /4.13/.

Die zweite Variante ist der Anschluss über ein Umspannwerk oder 110-kV-Schaltanlage. Hierbei ist entweder eine Erweiterung eines bestehenden UW möglich oder eine Neuerrichtung. Die Investitionen in Form von Schaltanlagen und Schaltfeldern, zusätzliche Leitungsverbindungen sowie Schutztechnik liegen meist höher als beim Dreibein-Anschluss.

Die neue 110-kV-Verbindung wird mit Schutzgeräten (C1 und C2) und Leistungsschalter im 110-kV UW (oder Schaltanlage) und im UW WKA ausgerüstet. Bei Verbindungslängen kleiner als 3 km kann gegebenenfalls auf den Leistungsschalter mit Schutzgerät C1 verzichtet werden. C2 würde in diesem Fall den Schutz des UW WKA übernehmen. Die Schutzgeräte und Leistungsschalter A2 und B2 unterbrechen die bestehende 110-kV-Leitung. Das entsprechende Anschlusskonzept ist in der folgenden Abb. 4.34 dargestellt.

Fehler auf der Verbindungsleitung vom 110-kV-UW zum UW WKA können selektiv geklärt werden, d. h. die 110-kV-Leitung muss nicht abgeschaltet werden. Fehlerhafte Schutzkoordination kann jedoch weiterhin dazu führen, dass auch bei Fehlern im WKA-Einspeisenetz die 110-kV-Leitung vollständig ausfällt. Dies muss bei Ausfallrechnungen und der Überprüfung der (n − 1)-Sicherheit berücksichtigt werden. Generell werden auch

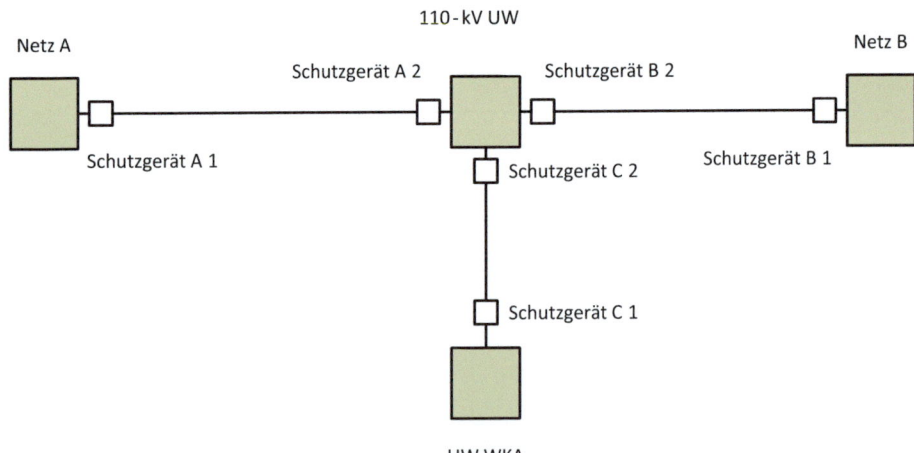

Abb. 4.34 Anschlusskonzept über Umspannwerk oder Schaltanlage

4.4 EVU/REA-Anschluss- und Ausbauplanung

hier immer großräumige und automatisierte Netzschutzüberprüfungen empfohlen, um den umfassenden Problemen hierbei gerecht zu werden /4.12/, /4.13/.

Die Entfernung der neu zu errichtenden WKA UW zu den bestehenden 110-kV-Freileitungen und 110-kV UW (oder Schaltanlagen) entscheidet über die Anschlussvariante, wie oben beschrieben.

4.4.2 EVU/REA-Ausbauplanung des 110-kV-Netzes

Im Modelllandkreis wird mit einer installierten WKA-Leistung von insgesamt über 300 MW gerechnet. Die elektrische Last des Landkreises liegt bei etwa 100 MW. Die überschüssige Leistung muss, wenn auch nur temporär, vom 110-kV-Netz aufgenommen werden. Der Netzanschluss der WKA führt so zu einer deutlichen Mehrbelastung des 110-kV-Netzes. Die bestehenden 110-kV-Freileitungen erreichen ihre Grenze der Übertragungsfähigkeit. Dies erfordert die Analyse und Planung des 110-kV-Netzes. Entsprechend der Belastungsentwicklung ist diese Netzebene auszubauen.

Für die Durchführung der Netzplanung wurden topologische Daten für den betreffenden Netzausschnitt herangezogen. Es handelt sich um das 110-kV-Netz zwischen den großen Umspannwerken EVUX1, EVUX2 und EVUX3, die außerhalb der Modellregion liegen. In Abb. 4.35 ist der entsprechende Ausschnitt aus dem 110-kV-Netz gezeigt.

Auf der Trasse zwischen EVUX1 und EVUX2 liegen die meisten der Umspannwerke des Modelllandkreises, dies sind UW EVU2, EVU3, EVU4 und EVU5. Zudem ist auch das Umspannwerk UW WKA3 dargestellt, welches ausschließlich zur Einspeisung von Windenergie dient. Der Netzzustand in Abb. 4.35 beschreibt bereits den mittelfristi-

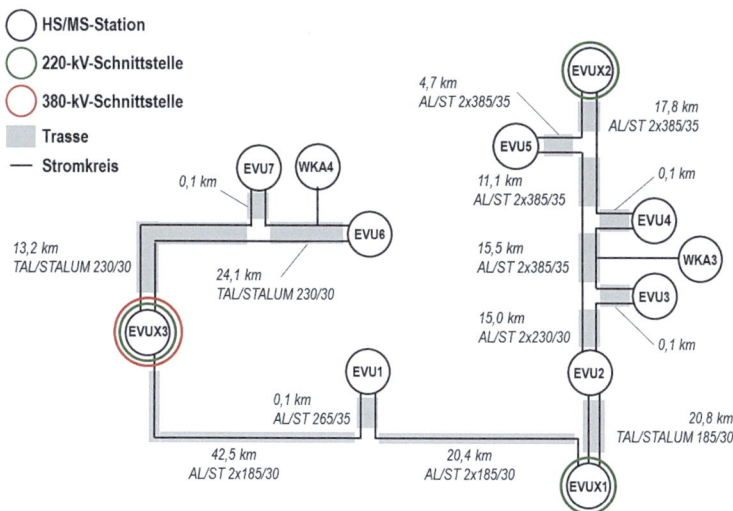

Abb. 4.35 Ausschnitt des 110-kV-Netzplanes – Modelllandkreis

gen Ausbau dieses Netzabschnittes. Erwähnenswert ist, dass fast alle Verbindungen mit Aluminium/Stahl (Al/St) Seilen bereits als Zweierbündel ausgeführt sind und somit etwa die doppelte Übertragungsfähigkeit gegenüber Einfachseilen besitzen. Auch sogenannte „heiße Seile" sind in der Praxis angedacht, speziell im Bereich der Verbindung von UW EVUX3 bis M-Stadt (UW EVU6). Hierbei handelt es sich um TAL/STALUM-Seile, die bis zu einer Temperatur von 150 °C belastet werden können und somit bei gleichem Querschnitt eine deutlich höhere Stromtragfähigkeit im Gegensatz zu herkömmlichen Al/St-Seilen besitzen. Als vermeintlich schwächste Verbindung lässt sich aufgrund des Querschnittes von TAL/STALUM 185/30 mm^2 als Einfachseil die Leitung zwischen UW EVUX1 und EVU2 ausmachen. Die stärksten Verbindungen laufen auf das Umspannwerk EVUX2 mit Zweierbündeln und einem Querschnitt von 385/35 mm^2 zu.

4.4.2.1 Ausbaukonzepte für das 110-kV-Netz

Die erhebliche Steigerung der installierten WKA-Leistung auf ca. 320 MW im Endausbau erfordert eine Erhöhung der Übertragungsfähigkeit des 110-kV-Netzes. Im stationären Fall wird die Übertragungsfähigkeit durch die thermische Stromtragfähigkeit, die Spannungshaltung und die statische Stabilitätsgrenze bestimmt. Bei Übergangsvorgängen kommen noch die Aspekte dynamische Stabilität und Netzverhalten nach der Störung hinzu. An dieser Stelle erfolgt eine Beschränkung auf die thermische Stromtragfähigkeit und die Spannungshaltung. Nach der Analyse des 110-kV-Netzes wurden Vorschläge zur Netzertüchtigung erarbeitet. Es werden zwei grundsätzliche Ausbauvarianten vorgeschlagen:

- Ringbildung im 110-kV-Netz,
- Verknüpfungspunkt zwischen 110-kV- und 220-kV-Netz.

Ringbildung im 110-kV-Netz
Durch die Bildung eines 110-kV-Ringes kann die Übertragungsfähigkeit erhöht werden. Der bisher offene 110-kV-Ring kann entweder über die UWs EVU6 und EVU4 oder die UWs EVU5 und EVU6 geschlossen werden. Bei einer Ringbildung könnte die Schaltanlage in T-Stadt (siehe Abb. 4.21) im Bereich des 20-kV-Nezes von UW EVU6 mitberücksichtigt werden und eventuell über diese ein 110-kV-Ring mit dem UW EVU5 geschlossen werden; in diesem Zuge kann dort dann ein neues Umspannwerk EVU8 entstehen. Somit lässt sich diese Gegend netztechnisch weiter erschließen und das Netz zielgerichtet ausbauen. Dies ist schematisch in Abb. 4.36 dargestellt.

Verknüpfungspunkt zwischen 110-kV- und 220-kV-Netz
Eine weitere Möglichkeit besteht in der Errichtung eines Verknüpfungspunktes zwischen dem 110-kV- und 220-kV-Netz zwischen UW EVUX1 und UW EVUX2. Dort verlaufen beide Netze auf parallelen Leitungen in Ost-West-Richtung durch den Modelllandkreis. Diese Lösung könnte eventuell kostengünstiger sein als der 110-kV-Ringschluss, da das neue 110/220-kV-Umspannwerk nahe der beiden Leitungstrassen aufgestellt werden kann

4.4 EVU/REA-Anschluss- und Ausbauplanung

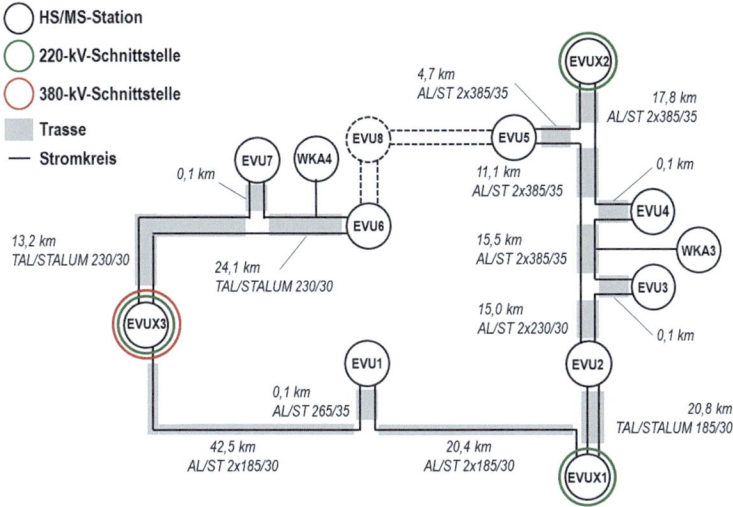

Abb. 4.36 Ausbau des 110-kV-Netzes mittels Ringbildung

und keine zusätzlichen Leitungen verlegt werden müssten. Zusätzlich wäre dann eine Betrachtung des 220-kV-Netzes notwendig. Der mögliche Standort eines solchen Umspannwerkes EVUX4 könnte westlich des UW EVU2 sein, denn die Lage ist am nächsten zu den neuen WKA-Einspeiseorten. Dies ist in Abb. 4.37 ersichtlich.

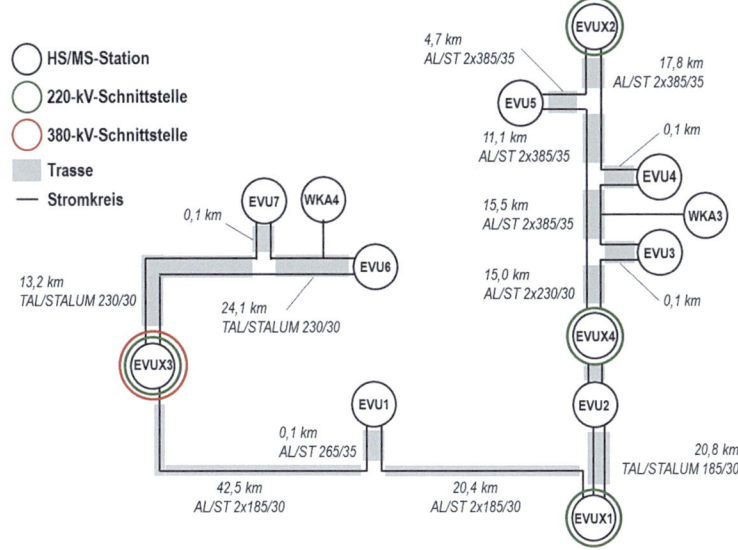

Abb. 4.37 Ausbau des 110-kV-Netzes über einen Verknüpfungspunkt zum 220-kV-Netz

Soll in Zukunft das 220-kV-Netz zurückgebaut und durch ein 380-kV-Netz ersetzt werden, sind die notwendigen Betriebsmittel für die Verknüpfungsanlage so auszulegen, dass eine Umstellung von einem Betrieb mit 220-kV auf 380-kV ohne weiteres möglich ist.

4.4.2.2 Netzberechnungen im 110-kV-Netz

Die Netzberechnung soll die in der Planungsphase erarbeiteten Vorschläge auf physikalisch technischer Grundlage überprüfen.

Bei der Betrachtung des 110-kV-Netzes aus Abb. 4.35 wird für eine Lastflussberechnung folgendes Szenario angenommen. Die UW WKA, die an das 110-kV-Netz angeschlossen sind, speisen in das 110-kV-Netz ein. Die UW WKA können aufgrund des zu Grunde gelegten (n − 0)-Kriteriums in Höhe der Bemessungsleistung der Transformatoren belastet sein. Die EVU UW bei denen Rückspeisung stattfindet werden mit 70 % der dortigen Bemessungsleistung der Transformatoren mit einem Verschiebungsfaktor von $\cos\varphi = 0{,}95$ angenommen. Diese Annahme ergibt sich aus der Betrachtung der UW EVU2 und UW EVU6. Die Abb. 4.38 zeigt die Auslastung der einzelnen Leitungen für das angenommene Lastflussszenario.

Die ersten Lastflussberechnungen zeigen eine hohe Belastung von über 80 % der Leitung zwischen UW EVUX1 und L-Stadt. Grund hierfür ist die deutliche Steigerung der Einspeiseleistung in der Region um L-Stadt (vgl. Abschn. 4.4.1.2). Es stellt sich generell ein Lastfluss in Richtung des Umspannwerkes EVUX1 ein, dies ist aufgrund der angenommenen Lastflusssituation im übergeordneten Höchstspannungsnetz und kann für eine

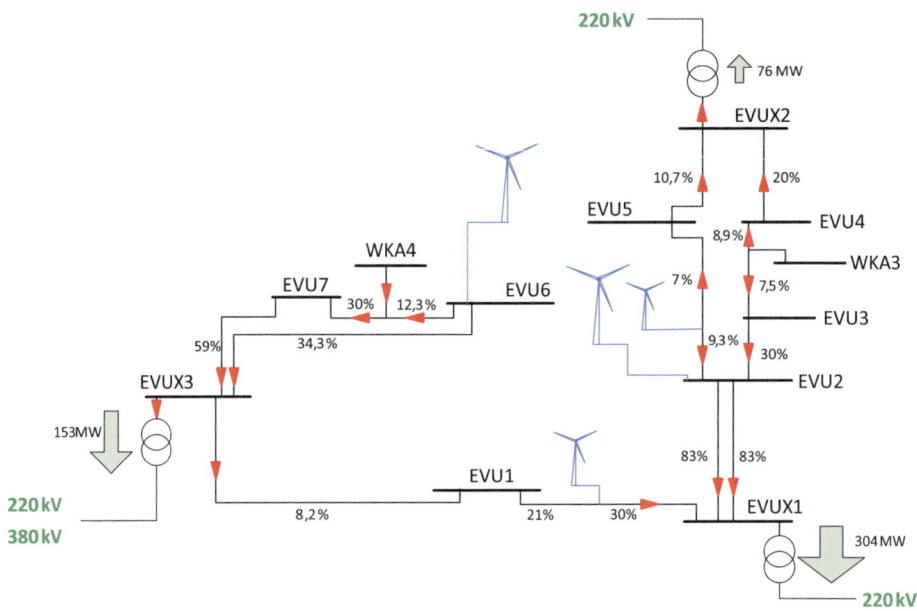

Abb. 4.38 Ist-Zustand – 110-kV-Netz mit 70 % Rückspeisung

4.4 EVU/REA-Anschluss- und Ausbauplanung

andere Situation anders oder ähnlich aussehen. Dort werden Leiterseile mit einem Querschnitt von TAL/STALUM 185/30 verwendet. Zudem stellt sich über dieser Leitung ein hoher Spannungsfall ein. Heiße Seile können zwar höher belastet werden, besitzen jedoch eine kaum kleinere Impedanz als herkömmliche Leiterseile aus Aluminium und Stahl. Hier wäre eine Erhöhung des Querschnittes zu empfehlen.

Weiterhin konnte eine hohe Spannungsanhebung im Netz zwischen M-Stadt (UW EVU6) und UW EVUX3 festgestellt werden. Da das UW EVU6 nur über einen Stich an das überlagerte Höchstspannungsnetz angeschlossen ist.

Ringbildung im 110-kV-Netz
Entsprechend dem ersten vorgeschlagenen Ausbaukonzept wird ein Ring zwischen den UWs EVU6 und EVU5 über die Schaltanlage in T-Stadt geschlossen. Für die Verbindung der drei Punkte wird ein Freileitungsseil TAL/STALUM mit einem Querschnitt von 230/30 verwendet. Es zeigt sich eine deutliche Verbesserung der Spannungshaltung im Bereich von UW EVU6, EVU7 und WKA4. Jedoch erhöht sich aufgrund der Annahmen die Übertragungsleistung über die Leitung UW EVUX1 bis L-Stadt (UW EVU2). Dies zeigt die Abb. 4.39 mit den zusätzlichen 110-kV-Freileitungen zwischen UW EVU6 und T-Stadt (UW EVU8) sowie zwischen T-Stadt und dem UW EVU5.

Ein Ausbau mit Freileitungen steht aufgrund des sehr langfristigen und schwierigen Genehmigungsverfahrens vor großen Hürden, ist aber gegenüber einer Kabelvariante

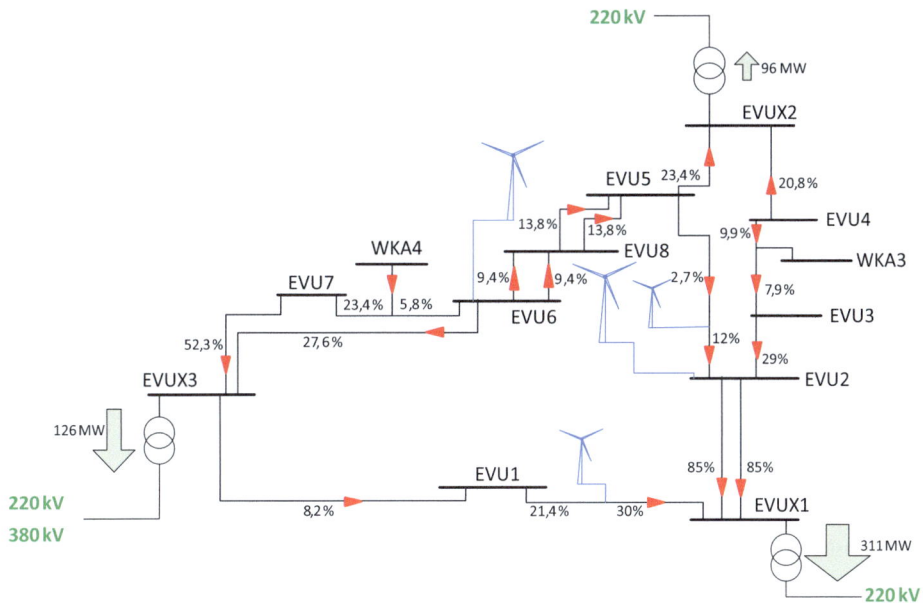

Abb. 4.39 Erstes Ausbaukonzept – Ringschluss im 110-kV-Netz mit 70 % Rückspeisung

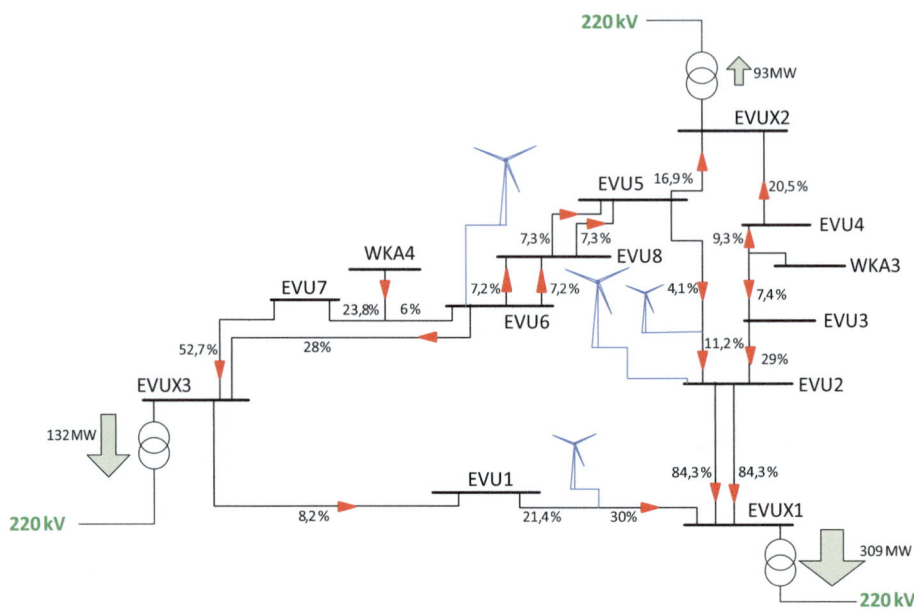

Abb. 4.40 110-kV-Netz mit 70 % Rückspeisung und Ringschluss mit Kabel

deutlich kostengünstiger. Die Kosten liegen etwa bei einem Drittel pro Kilometer bei vergleichbarer Übertragungsleistung /4.14/.

In einer weiteren Variante wurden die Freileitungen durch Kabel ersetzt. Es wird ein Querschnitt von 1000 mm² Kupfer verwendet, um eine ähnliche Übertragungsleistung zu erreichen. Die Einbringung von Kabeln ist im Bereich des 110-kV-Netzes in diesem Fall kein Problem, da das Netz mittels einer niederohmigen Sternpunktbehandlung betrieben wird. Die großen Kapazitäten der Kabel führen daher nicht zu Konflikten bei der Sternpunktbehandlung, dabei ist nicht die Übertragungskapazität der Leitung gemeint sondern das elektrische Bauelement. In einem kompensierten Netz wäre die Erhöhung der Kapazitäten im Netz problematisch und das Netz müsste aufgeteilt werden oder es müsste eine neue Erdungsdrossel berücksichtigt werden, um den kapazitiven Fehlerstrom zu kompensieren. Die Abb. 4.40 zeigt die Belastung des Netzes, wenn der Ringschluss über eine Kabelverbindung realisiert wird. Mit Hilfe des Ringschlusses lässt sich im Bereich des UW EVU6 eine Absenkung der Spannung um etwa 2 % erreichen.

Verknüpfungspunkt zwischen 110-kV- und 220-kV-Netz
Das zweite Ausbaukonzept für das Hoch- und auch Höchstspannungsnetz ist die Bildung eines weiteren Verknüpfungspunktes des 110-kV-Netzes mit dem Höchstspannungsnetz, der 220-kV-Leitung zwischen UW EVUX1 und UW EVUX2. Hierzu ist ein Umspannwerk nötig, welches direkt in der Nähe der beiden parallel geführten Freileitungen aufgestellt werden kann.

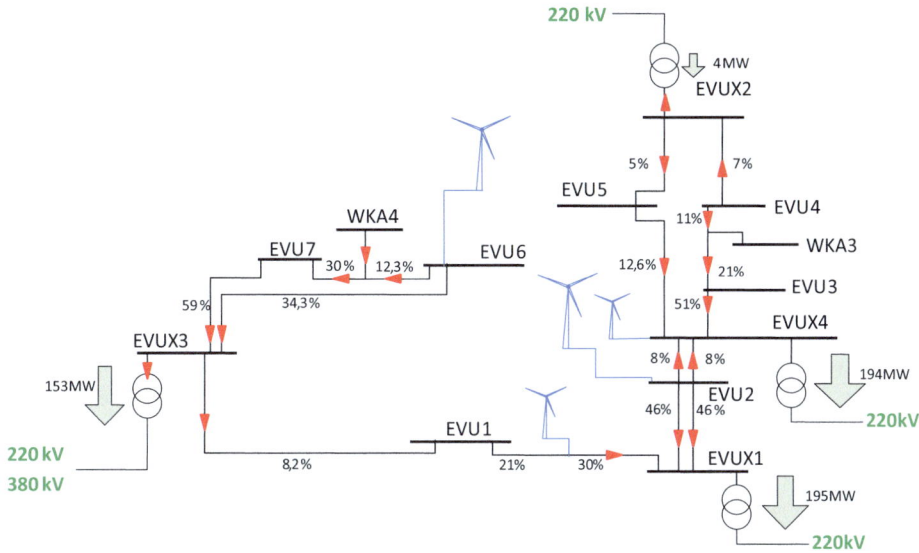

Abb. 4.41 110-kV-Netz mit 70 % Rückspeisung und neues 220/110-kV-Umspannwerk

Als Standort wird der gleiche UW-Standort wie in Abb. 4.29 vorgeschlagen, sobald die beiden Trassen wieder parallel verlaufen. Die WKA in der Nähe können dann direkt dort einspeisen. Das neue 220/110-kV-Umspannwerk EVUX4 dient zur Entlastung des 110-kV-Netzes und muss entsprechend ausgelegt sein. Zwischen den beiden Spannungsebenen wird für die Lastflussberechnung ein Transformator mit 200 MVA angenommen. Es wird ein Leistungstransport im 220-kV-Netz von UW EVUX1 nach UW EVUX2 angenommen. Damit ergibt sich der Lastfluss gemäß Abb. 4.41. Die Leitung zwischen UW EVUX1 und L-Stadt (EVU2) ist durch das neue 220/110-kV-Umspannwerk deutlich entlastet.

Für einen wirklich aussagekräftigen Vergleich der Varianten, muss ein realer Lastfluss für das 220-kV-Netz sowie für das 110-kV-Netz aus Erfahrungswerten und Messungen erstellt werden. Das prinzipielle Vorgehen bleibt jedoch erhalten.

Literatur

/4.1/ M. Kiok, E. Rittmeyer und E. Petrossian, Spannungswahl und Netzgestaltung in einer Großstadt, Internationales Symposium, ETH, EWZ, Zürich 1992

/4.2/ G. Herold, Elektrische Energieversorgung II, Wilburgstetten: J. Schlembach Fachverlag, 2010.

/4.3/ R. Puffer, M. Schmale, H. Kühn, W. Winter, und F. Martin, Freilietungsmonitoring im Höchstspannungsnetz – Mehr Energie von Norden nach Süden – Teil 1, „ew" Heft 3/2011, 2011

/4.4/ R. Puffer, M. Schmale, H. Kühn, W. Winter, und F. Martin, Freilietungsmonitoring im Höchstspannungsnetz – Mehr Energie von Norden nach Süden – Teil 2, „ew" Heft 4/2011, 2011

/4.5/ L. Heinhold, Kabel und Leitungen für Starkstrom, Erlangen: Publicis-MCD-Verlag, 1999.

/4.6/ M. Kliesch und F. Merschel, Starkstromanlagen, Berlin: VDE VERLAG GMBH, 2010.

/4.7/ B. Staatsministerien, „Hinweise zur Planung und Genehmigung von Windkraftanlagen," 2011.

/4.8/ BDEW, Technische Richtlinie Erzeugungsanlagen am Mittelspannungsnetz, Berlin: BDEW, 2008.

/4.9/ J. Jäger, T. Keil, A. Dienstbier, P. Lund und R. Krebs, Network Security Assessment – An Important Task in Distribution Systems with Dispersed Generation, CIRED, Int. Conference on Electricity Distribution, Prag 2009.

/4.10/ M. Dauer J. Jäger, T. Bopp und R. Krebs, Protection Security Assessment – Eine wichtige Aufgabe in Netzen mit dezentraler Energieversorgung, ETG Schutz- und Leittechnik Tutorial, Mainz 2012

/4.11/ J. Jäger, J. Fuchs, M. Dauer und Ch. Romeis, Adaptive Protection Relay Coordination – Ideas, Approaches and Examples, IEEE Power and Energy Society General Meeting, Vancouver 2013

/4.12/ A. Nitschke, Ch. Blug und T. Bopp, Evaluierung des Netzschutzes eines Mittelspannungsverteilungsnetzes, „ew" Heft 1/2015, S. 48–51, 2015

/4.13/ T. Bopp und R. Krebs, Die Netzsicherheit stets im Blick – Optimierter Schutz für komplexe Energieversorgungsnetze, BWK Das Energie-Fachmagazin, Bd. 66 Nr. 4, 2014

/4.14/ R. Oswald, A. Müller und M. Krämer, Vergleichende Studie zu Stromübertragungstechniken in Hochspannungsnetzen, ForWind Zentrum für Windenergieforschung, Hannover, 2005

Schlussfolgerungen 5

Der vorliegende Leitfaden untersucht den Anschluss der Windkraftanlagen anhand eines Modelllandkreises ans öffentliche Netz der Elektrizitätsversorgung und arbeitet für dieses Fallbeispiel konkrete Anschlusskonzepte aus. Die Ausführungen sind andererseits methodisch abstrakt genug und allgemein gehalten, dass diese hinsichtlich einer nachhaltigen Anbindung von REA im Binnenland Pilotcharakter erfüllen und die Ergebnisse auf andere Netzsituationen übertragen werden können.

Die klassischen Methoden der Netzplanung reichen nicht mehr aus, um den Anschluss von REA methodisch geeignet zu bewerkstelligen. Dazu wurde die Duale Planungsmethodik eingeführt. Sie verbindet bewährte Planungsmethoden zu einer Gesamtstruktur, die den neuen Anforderungen gerecht wird und deren Ergebnisse für den REA-Anschluss aus netzplanerischer Sicht als nachhaltig zu bezeichnen sind.

Die Planungsschritte einer solchen dualen Planung müssen langfristiger angelegt sein als bei einem operativen Vorgehen. Es sind kurzfristig höhere Investitionen aufzuwenden. Der Nutzen wird mittel- bzw. langfristig sichtbar sein, wie in Abb. 5.1 dargestellt.

Die praktische Umsetzung des Ziel-Netzes – ausgehend vom bestehenden Netz – ist meist hinsichtlich Investitionsvolumina, Lebensdauern, Lieferzeiten, Errichtungszeiten, Genehmigungsverfahren, interne Organisation etc. in mehreren Schritten bzw. Ausbaustufen durchzuführen. Dazu muss ein Masterplan erarbeitet werden. Einem langfristig geplanten Vorgehen stehen derzeit oft gesetzliche Vorgaben entgegen. Der Einspeisevorrang von REA muss hier der Einspeiseverantwortung weichen.

Der Anschluss von REA beeinflusst zudem immer die Funktion der Netzschutzsysteme. Versorgungszuverlässigkeit ist eng mit der sicheren, schnellen und selektiven Reaktion von Netzschutzsystemen verknüpft. Ist diese gefährdet, bedeutet dies immer einen Verlust an Versorgungszuverlässigkeit. Folglich werden bei REA-Anschluss großräumige und automatisierte Netzschutzuntersuchungen immer empfohlen. Ein strategisch geplantes Netz mit Fehlfunktionen beim Netzschutz gefährdet die Versorgungszuverlässigkeit in gleicher Weise.

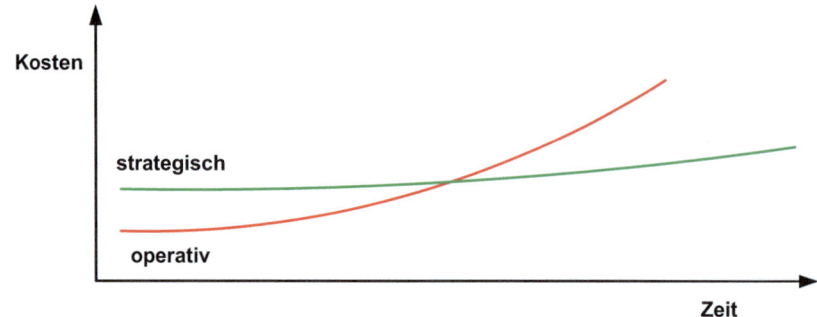

Abb. 5.1 Operative und Strategische Netzplanung – Kostenentwicklung über der Zeit

Die Ausführungen zeigen, dass zum Anschluss von REA ein ganzheitlicher Ansatz aller Versorgungselemente und -ebenen notwendig ist. Die administrative Trennung von Erzeugung und Netz sowie der Netzebenen in den Energieversorgungsunternehmen (Deregulierung) ist für einen gesamtsystematischen Ansatz hinderlich und muss zumindest temporär umgangen werden. Die Anstrengungen, die hinsichtlich Netzdatenbeschaffung während der Entstehung dieses Werkes unternommen worden sind, belegen diese Forderung.

Generell ist die Frage zu beantworten, welche Rolle die REA im Binnenland zukünftig spielen sollen. Wird dies lediglich als kurzfristiges für REA-Betreiber wirtschaftlich interessantes Geschäftsmodell gesehen, dann wäre das operative Vorgehen als nachdenkenswert zu bezeichnen.

Sollen jedoch konventionelle Kraftwerke ersetzt und die Erzeugungsstruktur umgebaut werden, muss in jedem Fall eine nachhaltig strategische Anbindung auf Basis der Dualen Netzplanungsmethode stattfinden.

Ein Ersatz konventioneller Kraftwerkskapazität durch REA ist zudem nur mit ausreichender Energiespeicherkapazität, beispielsweise durch Power-to-Gas, möglich. Dies wird den Belastungsgrad der REA deutlich erhöhen und die höheren Anfangsinvestitionen der Dualen Planungsmethodik langfristig rechtfertigen.

Anhang

Begrifflichkeiten

Im Folgenden werden nützlich Begriffe und Zusammenhänge aus dem Bereich Netzplanung und der elektrischen Energieversorgung erläutert:

Belastungsganglinie

Sie stellt die Belastung über der Zeit dar, meist wird die Wirkleistung betrachtet. Der Betrachtungszeitraum erstreckt sich in der Regel über einen Tag. Dabei kann zum einen die Auslastung eines bestimmten Netzbetriebsmittels (z. B. Transformator) betrachtet werden oder aber auch die Auslastung einer Einspeiseanlage über der Zeit. Die Abb. A.1 stellt die Belastungsganglinie eines typischen Abnehmers der einer Photovoltaikanlage gegenüber. Für den Abnehmer stellt sich ein Tagesverlauf der Leistungsaufnahme dar mit einer deutlichen Mittagsspitze, die Zeit T_N stellt hier 24 h bzw. einen vollen Tag dar. Die Photovoltaikanlage zeigt auch einen typischen Verlauf sowie eine Spitze gegen Mittag, jedoch mit starkem Rückgang, was durch eine Abschattung verursacht werden kann. Zudem ist klar, dass die Photovoltaikanlage während den Nachtstunden keine Leistung liefern kann.

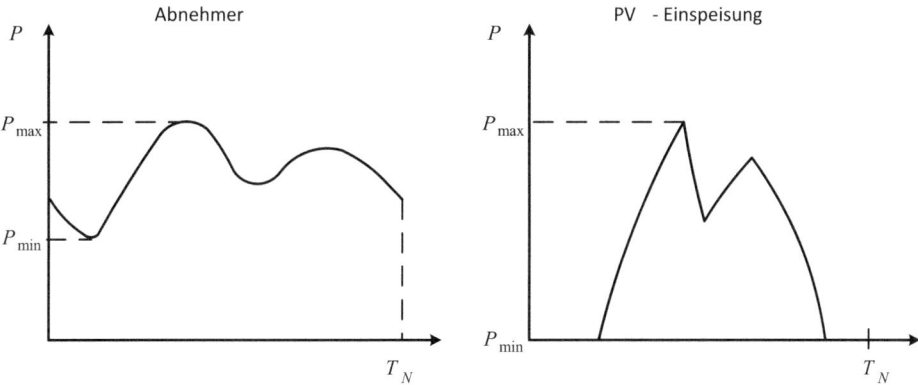

Abb. A.1 Ganglinien Abnehmer und PV-Einspeisung

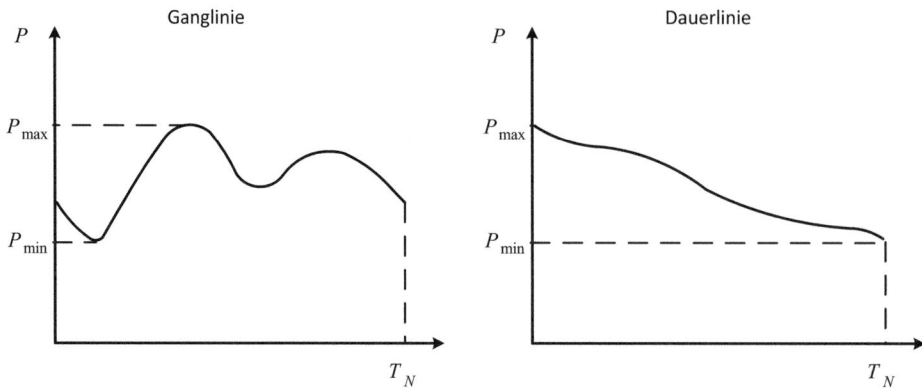

Abb. A.2 Gang- und Dauerlinie

Belastungsdauerlinie
Diese Kennlinie gibt an wie lange eine bestimmte Leistung während des Betrachtungszeitraumes T_N erreicht oder überschritten wurde. Die Belastungsdauerlinie entsteht grafisch durch eine Parallelverschiebung der Flächenelemente der Belastungsganglinie hin zur Ordinatenachse. In der Abb. A.2 ist eine Belastungsganglinie der entsprechenden Belastungsdauerlinie gegenübergestellt. Als Betrachtungszeitraum ist hier wiederum ein voller Tag also 24 h dargestellt.

Belastungsgrad m
Der Belastungsgrad bzw. Benutzungsfaktor m beschreibt den Quotienten aus der elektrischen Arbeit W_{el} während des Betrachtungszeitraumes T_N und dem Produkt aus Betrachtungszeitraum und der maximal aufgetretenen Leistung P_{max} während diesem. Die elektrische Arbeit entspricht der Fläche unter der Kurve sowohl der Ganglinie als auch der Dauerlinie über T_N. Damit entspricht der Belastungsgrad einem Verhältnis aus zwei Flächen und liegt immer zwischen 0 und 1.

$$m = \frac{W_{el}}{P_{max} \cdot T_N}$$

Hiermit lässt sich sowohl die Belastung eines bestimmten Betriebsmittels hervorgerufen durch Abnehmer beschreiben als auch die Auslastung einer Einspeiseanlage. Der typische Belastungsgrad für ein öffentliches Energieversorgungsnetz liegt bei Abnehmern bei etwa $m = 0{,}7$. Im Vergleich dazu liegt der Belastungsgrad bei einer Photovoltaikanlagen im Bereich von etwa $m = 0{,}3$. Dies liegt an der hohen tageszeitlichen Schwankung der eingespeisten Leistung.

Installierte Leistung

Bei der installierten Leistung handelt es sich um die tatsächliche Nennleistung bzw. maximal abgebbare Leistung einer Einspeiseanlage. Die zeitlich eingespeiste Leistung hingegen ist dargebotsabhängig und kann weit unterhalb der installierten Leistung liegen. Dies gilt insbesondere für Einspeiseanlagen aus dem Bereich der REA. PV-Anlagen erreichen aufgrund ihrer Auslegung ihre installierte Leistung fast zu keinem Zeitpunkt.

Gesicherte Leistung

Die gesicherte Leistung beschreibt die Anschlussklemmenleistung von Energieeinspeisungen, welche mit einer bestimmten Wahrscheinlichkeit, beispielsweise größer 99,99 %, zur Verfügung steht und abgerufen werden kann. Insbesondere bei thermischen Kraftwerken ist diese nur durch den Vorrat an Primärenergieträgern sowie Arbeiten zur Wartung und Störungsbehebung beeinflusst. Sie liegt bei diesen Kraftwerken bei etwa 85 % der installierten Leistung der Anlage. Im Gegensatz dazu liegt die gesicherte Leistung bei REA meist nahe null, da diese dargebotsabhängig sind und nur stochastisch einspeisen können.

Äquivalente Volllaststunden

Die äquivalenten Volllaststunden beschreiben die Zeitdauer bei der die Anlage aufgrund ihrer gelieferten Energiemenge während des Betrachtungszeitraumes die installierte Leistung abgegeben hätte. Diese Zeitdauer wird auch als Ausnutzungsdauer T_A bezeichnet und lässt sich über den Quotienten aus der elektrischen Arbeit und der installierten bzw. Nennleistung P_n berechnen.

$$T_A = \frac{W_{el}}{P_n}$$

Diese Größe kann einen falschen Eindruck vermitteln, wenn sie nicht mit dem Zusatz äquivalent angegeben wird, denn die Anlage kann für den gesamten Betrachtungszeitraum niemals die installierte Leistung erreicht haben. Für die elektrische Energieversorgung ist jedoch nicht nur entscheidend wie viel Energie in einem bestimmten Zeitraum erzeugt wurde, sondern zu welchem Zeitpunkt wie viel Leistung zur Verfügung steht.

Echte Volllaststunden

Die echten Volllaststunden beschreiben die Zeitdauer während eines Betrachtungszeitraumes bei der die Anlage tatsächlich die installierte Leistung eingespeist hat. In den meisten Fällen liegen die echten Volllaststunden weit unterhalb der äquivalenten Volllaststunden, da sehr selten insbesondere bei Photovoltaikanlagen die installierte Leistung geliefert werden kann. Bei Windkraftanlagen ist hier ein höherer Wert zu erwarten. Thermischen Kraftwerken ist es im Gegensatz dazu möglich über einen großen Teil des Betrachtungszeitraums die installierte Leistung bereitzustellen.

Elektrische Verluste
Auch das elektrische Netz ist nicht ideal und es entstehen Verluste bei der Übertragung und Verteilung der Energie. Diese lassen sich in zwei Arten unterteilen, die lastunabhängigen und lastabhängigen Verluste.

Die lastunabhängigen Verluste sind konstant und von der anliegenden Spannung abhängig. Zwischen den Verlusten und der Spannung besteht hier ein quadratischer Zusammenhang, konstant sind sie, weil das elektrische Energieversorgungsnetz als Konstantspannungsnetz betrieben wird und erst beim Einschalten einer Last Strom fließt.

$$P_U = 3 \cdot G \cdot U_{\text{eff}}^2$$

Der Faktor G beschreibt hier vereinfacht die Leitfähigkeit der Isolation und ist somit vom Isolationsabstand und dem Material abhängig. Daher heißt eine Verdopplung der Spannung nicht gleichzeitig eine Vervierfachung der Verluste, da sich der Leitwert durch eine Erhöhung z. B. des Isolationsabstandes verkleinert.

Die lastabhängigen Verluste sind abhängig von der Belastung also der Größe des Stromes bzw. der Leistung. Dadurch sind diese nicht mehr zeitlich konstant sondern fallen nur an wenn ein Strom fließt. Die Verluste sind hier quadratisch vom Strom abhängig.

$$P_I = 3 \cdot R \cdot I_{\text{eff}}^2$$

Der Faktor R beschreit den elektrischen Widerstand und ist vom gewählten Leitermaterial und dessen Querschnitt sowie Länge abhängig. Eine Erhöhung der Spannung führt zu keiner Veränderung dieses Wertes. Daher bewirkt eine Verdopplung der Spannung bei gleichbleibender Leistung ein Viertel der Verluste, wenn R konstant bleibt.

Hinnehmbare Unterbrechungsdauer
Die hinnehmbare Unterbrechungsdauer gibt den Quotienten aus zulässig nicht gelieferter Arbeit und nicht mehr versorgter Last (Leistung) an.

$$\text{hinnehmbare Unterbrechungsdauer} = \frac{\text{zulässig nicht gelieferte Arbeit}}{\text{nicht mehr versorgte Last}}$$

Aus der Unterbrechungsdauer lässt sich dann die Gegenmaßnahme zur Wiederherstellung der Versorgung ableiten. Je höher die ausgefallene Leistung bzw. Last ist, desto schneller muss reagiert werden. Im Bereich von Mittelspannungsnetzen zur Verteilung der elektrischen Energie reicht beispielsweise eine sogenannte Umschaltreserve, hierbei wird durch manuelles oder automatisches Umschalten die Versorgung wiederhergestellt.

Versorgungsqualität

Die Versorgungsqualität (VQ) wird durch die Anforderungen des Abnehmers bestimmt und setzt sich aus der Versorgungszuverlässigkeit (VZ) und der Spannungsqualität (SQ) zusammen, welche mit einer UND-Verknüpfung verbunden sind.

$$VQ = VZ \wedge SQ$$

Zur Einhaltung der Versorgungsqualität müssen immer die Versorgungszuverlässigkeit und die Spannungsqualität gleichzeitig erfüllt sein.

Versorgungszuverlässigkeit

Die Versorgungszuverlässigkeit (VZ) richtet sich nach der hinnehmbaren Unterbrechungsdauer. Aufgrund dieser muss das entsprechende Versorgungsnetz mit einer Umschaltreserve oder Momentanreserve geplant werden. Bei der Umschaltreserve wird mit Hilfe einer manuellen oder automatischen Schalthandlung die Versorgung wiederhergestellt, im Gegensatz dazu liegt bei der Momentanreserve ständig eine Reserve vor (z. B. Parallelschaltung). Eine solche Reserve wird mittels des $(n-1)$-Kriteriums erreicht. Generell sagt das $(n-1)$-Kriterium aus, dass ein Betriebsmittel ausfallen kann und dadurch die Versorgung nicht beeinträchtigt wird.

Spannungsqualität

Die Spannungsqualität legt fest wie stark sich Störeinflüsse auf die Spannung auswirken dürfen, ohne die Abnehmer bzw. Lasten zu beeinträchtigen. Hierzu zählt insbesondere die Spannungshaltung in einem gewissen Band um die Nennspannung herum, für die Mittelspannung gilt hier allgemein plus und minus 10 % der Nennspannung.

Sachverzeichnis

A
Anschlussanlage, 31, 57, 84
Anschlussplanung, 7, 40, 41, 61, 72, 77, 78, 87
Äquivalente Volllaststunden, 5, 101
Ausbaumaßnahmen, 1, 4, 77
Ausbauplanung, VI, 16, 39, 40, 42, 43, 47, 77, 89
Ausbaustufen, 4, 11, 21, 23, 24, 27, 31, 35, 40, 42, 53, 68, 81, 97
Axiomensystem, 3

B
BDEW-Anschlussbedingungen, 61–63, 67, 72, 76
Bedarfsgerecht, V, VI
Belastungsdauerlinie, 5, 100
Belastungsganglinie, 5, 99, 100
Belastungsgrad, 5, 67, 76, 98, 100
Binnenland, VII, 1, 97, 98
Blindleistung, 49

C
Cluster, 12, 25, 77

D
Dachflächen, 57, 64, 67, 68, 76
Doppelstich, 82, 84

E
Echte Volllaststunden, 5, 101
Einspeisenetze, VI, 1, 12, 16, 24–27, 31, 39, 47, 77
Erdschlussgebiet, 56, 58, 59, 61–63, 68, 71
Erdungsdrossel, 94

F
Freiflächenanlagen, 12, 53, 57, 63–68, 72, 73, 75, 76
Freileitungsmonitoring, 50

G
Gesicherte Leistung, VI, VII, 12, 101
Greenfield-Planung, 7–12, 22

H
Heiße Seile, 90
Hinnehmbare Unterbrechungsdauer, 5, 102
Historisch gewachsenes Netz, 9, 10

I
Informationssammlung, 3, 4, 16, 18, 47
Investitionen, 11, 22, 31, 77, 78, 88, 97
Ist-Netz, 9–11, 20, 21, 23, 26, 58, 59

L
Lastfolgebetrieb, V, VII
Lastkarte, 21, 22
Laststagnation, 21, 52

M
Masterplan, 5, 7, 97

N
Netzanschluss, VI, 6, 25, 61, 72, 89
Netzarchitektur, 7–9, 11
Netzertüchtigungsmaßnahmen, 20
Netzstruktur, 4, 17, 20, 28, 31, 44

P
Primärflächen, 54, 55, 72

R
Reduktionsfaktoren, 51, 81
Regionalplanung, 24, 51
Repowering, 15, 25
Ringnetz, 8, 9, 22

S

Sammelschiene, 26, 57, 87
Schaltanlagen, 9, 11, 18–20, 23, 36–38, 40, 58, 59, 66, 88
Schutzkoordination, 87, 88
Schutzsystem, 87
Schutzuntersuchungen, 88, 89
Schwachlastfall, 57, 61, 63, 68, 69, 72
Sekundärflächen, 54, 72
Sofortmaßnahmen, 4, 20
Spannungsqualität, 5, 8, 103
Standardnetzformen, 6–9, 20
Sternpunktbehandlung, 18, 19, 31, 94
Strahlennetz, 8
Strangnetz, 8, 9, 20, 22
Strategische Netzplanung, VI, VII, 7, 11, 98

T

Trennstellen, 21, 60, 61, 66, 70

U

Übertragungsfähigkeit, V, VI, 3, 27, 40, 43, 49–51, 62, 67, 76–78, 82, 89, 90

V

Verknüpfungspunkt, 71, 79, 90, 91, 94, 95
Verschiebungsfaktor, 92
Versorgungsqualität, 5, 8, 40, 67, 76, 103
Versorgungszuverlässigkeit, 3, 5–9, 11, 12, 15, 20, 24, 31, 42, 71, 97, 103
Vorbehaltsgebiete, 51
Vorranggebieten, 51

W

Wärmeabfuhr, 50, 51

Z

Ziel-Netz, 7, 10–12, 21–26, 39, 40, 42, 71, 72, 78
Zukunftsflächen, 54, 55

MIX
Papier aus verantwortungsvollen Quellen
Paper from responsible sources
FSC® C105338

If you have any concerns about our products,
you can contact us on
ProductSafety@springernature.com

In case Publisher is established outside the EU,
the EU authorized representative is:
Springer Nature Customer Service Center GmbH
Europaplatz 3, 69115 Heidelberg, Germany

Printed by Libri Plureos GmbH
in Hamburg, Germany